图解
幕墙工程
实用速查手册

·湛慧　许倩　编著·

化学工业出版社
·北京·

内 容 简 介

本手册以“便携、速查、图解”为出发点，系统介绍玻璃幕墙的设计、加工与安装验收等知识，涵盖玻璃幕墙基础与发展、幕墙用金属材料、幕墙用玻璃、幕墙用密封材料、玻璃幕墙性能与设计、玻璃幕墙施工技术与工艺等内容。全书采用图、表、文并茂的形式，内容表述直观、通俗易懂，能帮助读者快速掌握幕墙工程先进设计理念与新技术、新工艺。本书各章节均附带二维码，读者可用手机直接扫码，方便阅读和使用。

本书适合正在从事或即将步入幕墙行业的设计师、施工人员、生产商、经销商、项目经理以及监理、质检与投资业主阅读，也可供从事建筑装饰行业广大人士参考，还可作为建筑装饰、艺术设计专业师生的教学参考书或教材使用。

图书在版编目（CIP）数据

图解幕墙工程实用速查手册 / 湛慧，许倩编著. —北京：化学工业出版社，2021.7

ISBN 978-7-122-39076-9

Ⅰ. ①图… Ⅱ. ①湛… ②许… Ⅲ. ①幕墙 - 工程施工 - 技术手册 Ⅳ. ①TU227-62

中国版本图书馆 CIP 数据核字（2021）第 080479 号

责任编辑：朱　彤　　美术编辑：王晓宇
责任校对：边　涛　　装帧设计：水长流文化

出版发行：化学工业出版社（北京市东城区青年湖南街 13 号　邮政编码 100011）
印　　装：北京缤索印刷有限公司
787mm×1092mm　1/16　印张 9¼　字数 212 千字　2022 年 1 月北京第 1 版第 1 次印刷

购书咨询：010-64518888　　售后服务：010-64518899
网　　址：http://www.cip.com.cn
凡购买本书，如有缺损质量问题，本社销售中心负责调换。

定　　价：58.00 元

前言

玻璃幕墙作为建筑物主体结构的外围护结构，既是一种美观新颖的墙体装饰方法，也是体现建筑师设计理念的重要手段；同时，玻璃幕墙结构复杂多样，技术性很强。因此，科学合理地进行幕墙设计，选用合适的幕墙工程材料，努力提高幕墙施工水平，对于促进幕墙行业的健康发展，具有非常重要的意义。

本书结合近年来的新技术、新材料、新工艺，由具有多年工程实践经验的技术人员编写而成。全书以图解的方式，系统讲述了玻璃幕墙基础与发展、幕墙用金属材料、幕墙用玻璃、幕墙用密封材料、玻璃幕墙性能与设计、玻璃幕墙施工技术与工艺等内容，是一本一看就懂的图解幕墙工程实用工具书。特别需要说明的是，本书各章节均附带配套二维码，读者可用手机直接扫码，方便阅读和使用。为了能使广大读者在较短时间内全面掌握相关知识，建议读者在阅读时请重点关注以下内容。

（1）正确选用玻璃幕墙材料。建议读者可以结合当地实际情况，理解和掌握幕墙用金属、玻璃、密封三类材料；同时，可通过实体店与网店了解材料实物，以及同类材料的特性与区别。

（2）创造富有变化的形式，避免光污染现象。本书主要从幕墙外立面进行分析，以体现建筑挺拔向上的视觉效果；还通过以各类线条为主的设计等，以体现建筑外墙宽广的延伸意境。此外，还适当突出幕墙骨架在表现建筑外墙轮廓多变效果方面的作用。需要强调的是，在设计过程中应深入分析和精确计算建筑所在方位、角度、朝向，避免幕墙玻璃出现强烈的反光现象，避免光污染。

（3）确定建筑幕墙分隔尺寸，满足节能保温需求。玻璃幕墙的立面分隔要与整体建筑相适应，同时还应提高室内空间的利用率与视觉效果。鉴于我国对各类建筑的环保、节能有严格的规定和要求，通过采用中空玻璃与隔热断桥铝合金型材和遮阳装置等，往往具有较好的节能、保温效果。

本书由湛慧、许倩编著。参与本书工作的其他人员还有朱涵梅、王璠、董豪鹏、曾庆平、石波、姚力、刘星、刘涛、金露、汤惠玲、刘顶桥、万丹、张泽安、万财荣、杨小云、朱钰文、刘沐尧、高振泉、汤宝环、黄缘、陈爽、黄溜、万阳、张慧娟、汤留泉、牟思杭、孙雪冰。

由于时间和水平有限，疏漏在所难免，敬请广大读者批评、指正。

编著者

2021年5月

目录

第1章 玻璃幕墙基础与发展

第2章 幕墙用金属材料

第3章 幕墙用玻璃

第4章 幕墙用密封材料

第5章 玻璃幕墙性能与设计

第6章
玻璃幕墙施工技术与工艺

该研究中心是美国自然历史博物馆的一部分，其主体建筑是一个巨大的球体。该球体被安放在一个由玻璃幕墙组装的立方体里，看上去像漂浮在空中的地球，直观而生动地再现出浩瀚宇宙的气势。

▲ 罗斯地球与太空研究中心

第1章 玻璃幕墙基础与发展

学习难度： ★☆☆☆☆

重点概念： 玻璃结构、玻璃幕墙建筑演变、玻璃幕墙的发展与应用

章节导读： 建筑幕墙完全改变了过去采用墙体、门窗玻璃来制作建筑外围构造的形式，如今可充分利用玻璃的透明特性，保持建筑室内与室外之间的通透度。玻璃幕墙与传统玻璃的区别主要在于，人们能透过玻璃幕墙看到全部五金配件。这些构造能增强建筑的光影变化，更重要的是玻璃结构能起到隔热、隔声、遮风挡雨等作用，同时还能满足视觉审美要求。

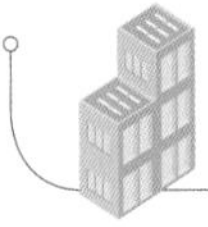

1.1 玻璃建筑的种类

人类在建筑上使用玻璃的历史很悠久，从古老教堂到现代玻璃温室，玻璃的装饰性和通透性大大提高了建筑设计的艺术魅力，几乎深入现代建筑的每个角落。

建筑中使用的玻璃为透明或半透明材料，可根据气候、声学或其他特殊要求，运用玻璃对建筑空间进行分隔、围护；玻璃在建筑室内外空间之间起到阻隔、透视、反射的作用，建筑外墙玻璃还能起到防潮、隔热和隔声的作用。

1.1.1 玻璃幕墙

玻璃幕墙是垂直方向安装的，主要为承受水平风与雨水的建筑外围护玻璃结构。玻璃幕墙主要由支承结构与玻璃板材组成。相对主体建筑结构而言，玻璃幕墙具有一定的移动能力，它将自身的荷载传递给主体建筑结构，但不用承担主体结构的荷载。

现代玻璃幕墙由最初的明框式幕墙，逐渐发展到隐框式幕墙，直到现在比较流行的点支式幕墙。目前，这几种玻璃幕墙同时存在，可以根据建筑装饰设计要求与审美来进行选择。

（a）中国国家大剧院“水滴”形外立面

大剧院外部呈半椭球形的壳体状，如同逐渐下垂的水滴。这些外墙材料由经过特殊氧化处理的钛金属板和有色玻璃组成。整体建筑“漂浮”在人造水面上，将各种通道和入口都“隐藏”在水下，透过玻璃幕墙使得整个内外空间仿佛融为一体。

（b）渐开式玻璃幕墙内部效果

建筑可视部分为渐开式玻璃幕墙，由一千多块大小不等的超白玻璃组成，具有良好的透光性。

▲ 中国国家大剧院/法国建筑设计师保罗·安德鲁（Paul Andreu）

1.1.2 玻璃屋顶

玻璃屋顶是在建筑顶面水平方位安装的玻璃构造，它能承受来自垂直方向的重力，这些重力主要为玻璃的自重和雨雪对建筑的压力。玻璃屋顶一旦受到破坏而发生坠落，就会直接造成安全事故。因此，玻璃屋顶对强度的要求非常高。

如果玻璃在遭受破坏后，从支承体开始松脱直到最终下落的时间，应不低于24h。普通单层玻璃由于钻孔的位置位于玻璃边缘，承载强度低，一般不允许用于点支式幕墙和玻璃屋顶。为了确保安全，玻璃顶棚应当采用钢化夹层玻璃。

（a）采光效果

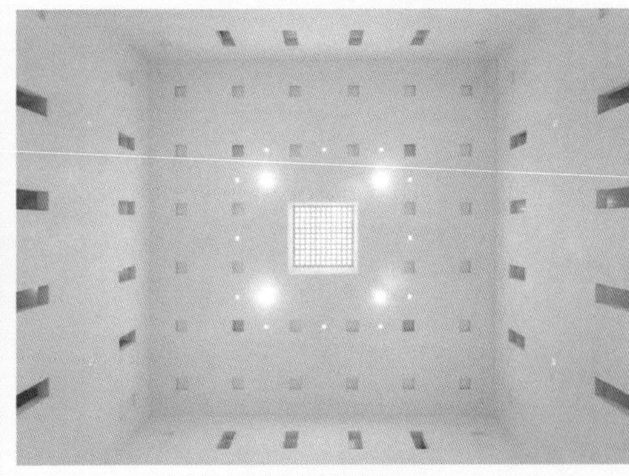

（b）顶部透光窗

这座几何建筑的灵感来自牛顿纪念碑以及古老的万神殿，它的屋顶是由4组大矩阵玻璃组成的玻璃屋顶。上面覆盖太阳能光伏板和遮阳设备，可以让自然光穿透屋顶，射入馆内，因此全馆均不采用直接照明。此外，馆内以白色调为主，采用环形中空的通透设计，更加突出空间的灵活性与开放性。

▲ 德国斯图加特市图书馆/韩国设计师Eun Young Yi

（a）玻璃屋顶

（b）顶面遮光帘

该博物馆内部分屋顶采用了玻璃屋顶设计。为完全适应不同空间的功能需求，在不同的空间和位置分别采用了适宜的遮阳方式，既满足了采光需求，减少热辐射；又可以避免炫光，光线柔和，真正利用光线来进行设计。

▲ 苏州博物馆玻璃屋顶设计/美籍华人建筑师贝聿铭

1.1.3 可行走玻璃

可行走玻璃是指用于地面、屋顶、台阶等建筑构造上的玻璃，人可以在玻璃上自由行走。可行走玻璃通常由三层夹层钢化玻璃组成，具有较好的抗冲击性。可行走玻璃表面采用喷砂工艺处理，并粘贴防滑条，保障行走安全。

可行走玻璃在设计、安装工程中需要进行硬冲击试验，试验的冲击体为45kg的圆柱体，端部安装ϕ10mm螺母，冲击高度为1000mm。经过冲击后，要求玻璃不被击穿，并保证在30min内不从支承处滑落。

在西尔斯大厦（现更名为威利斯大厦）的103层处设置了一个向外延伸约1.2m的空中玻璃阳台（又名“ledge”，即悬崖边的突出物），为游客提供了俯瞰芝加哥全景的无与伦比的体验。

▲ **西尔斯大厦高空玻璃阳台**

加拿大国家电视塔高达553.3m，共147层，透过其观景台的扇形玻璃地面，可以一览无余地饱览多伦多的城市风景。

▲ **加拿大国家电视塔观景台**

玻璃楼梯的承重踏步部分采用玻璃制成，且玻璃材料的厚度和层数必须达到或超过指定的规格要求时，才能确保玻璃楼梯的绝对安全。

▲ **玻璃楼梯**

1.1.4 防坠落玻璃

当两个地平面的高度差≥1m时，为了防止人员坠落而设置的玻璃围合结构称为防坠落玻璃，防坠落玻璃可以分为A类、B类、C类。

1.1.4.1 防坠落玻璃A类

防坠落功能全部由玻璃承担，必须采用钢化夹层玻璃，或受冲击一侧采用钢化中空玻璃。计算荷载一般作用于约1m高处，取水平荷载为1kN/m^2。

1.1.4.2 防坠落玻璃B类

在A类防坠落玻璃的基础上应当有连续扶手，此时玻璃应当采用夹层和钢化玻璃；扶手应当采用不锈钢或复合材料，且玻璃和扶手均能同时承担重力。

1.1.4.3 防坠落玻璃C类

在B类防坠落玻璃的基础上带有附加的栏杆，除风压力外，C类防坠落玻璃不再承受水平荷载。对防坠落玻璃结构应当进行冲击试验，以模拟人体对玻璃的冲击。

（a）屋顶平台玻璃护栏

（b）商场走道玻璃护栏

C类防坠落玻璃是目前最安全的玻璃构造，多用于高层建筑的护栏，主要受力构造是不锈钢护栏结构；玻璃通过不锈钢钉与不锈钢护栏连接，位于建筑外侧，不与人直接发生接触。

▲ C类防坠落玻璃

1.1.5 玻璃支承构件

玻璃可以作为支承构件使用，常见的支承构件有梁、柱、受压单元等。支承构件的玻璃一般选择夹层钢化玻璃，在玻璃与玻璃、玻璃与金属之间连接和填充软性材料。

如果采用玻璃作为支承构件，则必须考虑整个系统的安全性。当1～2处玻璃支承构件受到损伤时，整个结构不会遭到破坏。

玻璃梁通常作为玻璃采光顶的支承结构，主要用于高层建筑的顶部、裙房以及大型公共建筑。为确保安全，采光顶的面板和承重梁都必须采用夹胶玻璃。

▲ 玻璃穹顶的支承梁系统

为了提高玻璃柱的稳定性，除了高度6m以下的玻璃可以采用底部支承外，多数可以采用顶部悬挂支承。如果玻璃柱较高，可以采用不锈钢板将几段玻璃柱连接为长柱。

▲ 日本神奈川工科大学玻璃立柱/日本建筑师石上纯也

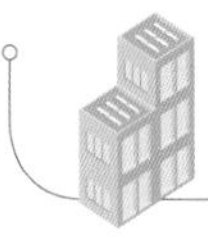

1.2 玻璃幕墙的发展历程

很多人始终认为玻璃太脆，不能起到承受重力的作用，因而一直影响玻璃在建筑中的应用。进入21世纪以来，钢化玻璃的普及才使玻璃材料得到广泛应用。目前，随着玻璃加工技术的不断发展，玻璃的力学性能得到了大幅度提高，在现代建筑中开始大面积使用玻璃。

1.2.1 框式玻璃幕墙

1851年，英国伦敦的“水晶宫”展览馆诞生，它是以钢铁为骨架、玻璃为主要材料的玻璃建筑，也是19世纪的英国建筑奇观之一。可惜的是，1936年11月，“水晶宫”展览馆在一场大火中化为灰烬。20世纪中叶，玻璃幕墙技术开始在美国发展，最初的幕墙是将玻璃和实心嵌条镶入金属框架中，将框架与建筑主构造连接，形成了框架式玻璃幕墙。

1951～1952年，由美国SOM建筑设计事务所设计的利华大厦是当时最有影响的玻璃幕墙建筑之一。该建筑共有24层玻璃幕墙，每个单元的玻璃幕墙为正方形框架基座，全部以浅蓝色玻璃幕墙围合，开创了全玻璃幕墙高层建筑的先河。

（a）“水晶宫”展览馆外景/英国建筑设计师约瑟夫·帕克斯顿

“水晶宫”展览馆是仿照植物园温室和铁路站棚的样式而设计的，其造型简单，呈大长方形阶梯状。

（b）“水晶宫”展览馆内景

“水晶宫”展览馆顶部是一个垂直的曲面拱顶，下面有一个高大的中央通廊，外面则是由一系列细长的铁杆支承起来的网状构架和玻璃墙面组成。

（c）利华大厦

利华大厦是真正意义上具有代表性的“玻璃幕墙建筑”。

▲ **框式玻璃幕墙的应用**

1956年，美国通用汽车技术中心建筑落成，所采用的玻璃幕墙为最早的工厂预制幕墙之一。该玻璃幕墙的节点采用了合成弹性橡胶紧固条，具有良好的密封性。1957年，美国SOM建筑设计事务所为纽约的爱德怀德机场（现名约翰·肯尼迪国际机场）设计了国际抵港航站楼。该机场大厅玻璃幕墙采用金属夹件对橡胶封条施加压力固定，但是固定效果不佳，很快便遭到弃用。随后，合成弹性橡胶封条开始在玻璃幕墙得到广泛应用。

20世纪60年代，美国出现了合成橡胶节点的玻璃幕墙；除了密封功能外，还可以采用将玻璃板粘贴在金属框架上，在工厂进行预制生产，以全面替代现场人工安装。1970年，建筑师诺曼·福斯特（Norman Foster）在伦敦一幢两层楼建筑中首次采用了这种橡胶节点，使隐形框架玻璃幕墙得到了全面发展。

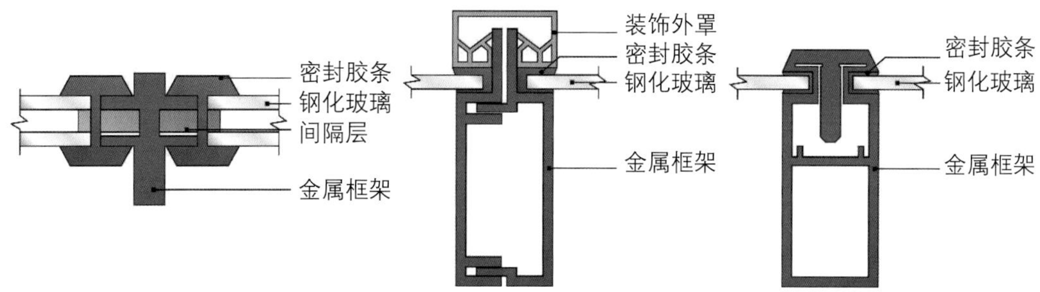

▲ 橡胶封条在玻璃结构中的应用示意图

与此同时，美国也开始研制硅酮结构胶（硅酮学名为聚硅氧烷，是多种重要有机硅材料的俗称），并于1963年第一次在玻璃幕墙中得到应用。硅酮结构胶不仅能起到密封作用，还能起粘贴作用，能承受玻璃自重，从而能将风压传递到幕墙框架上，成为玻璃幕墙中重要的辅助材料。20世纪70～80年代，硅酮结构胶对美国的建筑玻璃幕墙产生了重要影响，其可适用于完全光滑且无任何阻碍构造的玻璃幕墙表面。当时还开始大量使用着色和反射玻璃，用来遮挡玻璃幕墙的支承结构与建筑楼板梁、柱等。

1.2.2 悬挂式玻璃幕墙

悬挂式玻璃幕墙区别于框式玻璃幕墙，于20世纪50年代开始出现在建筑外墙的龙骨上部以悬挂玻璃。自20世纪70年代，悬挂玻璃开始流行：每一楼层的楼板上悬挂一块面积较大的玻璃，通过玻璃之间的补丁连接下一块玻璃；建筑内部则通过长玻璃片作辅助支承来抵抗风荷载，这样每一楼层只需要安装1～2块玻璃即可。

1.2.3 点支式玻璃幕墙

1980年以后，点支式玻璃幕墙开始出现。英国开发了补丁式装配体系，经过不断改进后，在原有连接基础上，取消了从立面上能看得十分清楚的连接板，换成从立面上很难看到的4个平头螺钉。同时，在螺钉与玻璃

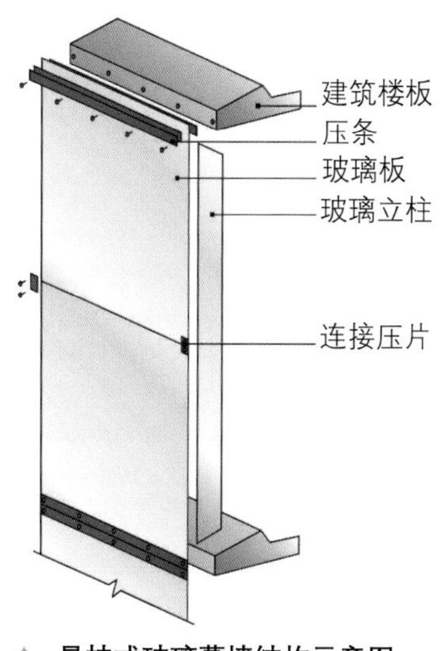

▲ 悬挂式玻璃幕墙结构示意图

孔周边都加上垫圈，起到缓冲作用，这样每块玻璃就能安稳地固定在连接龙骨上。

1986年，法国建筑师安德良在纪念法国大革命200周年的十大建筑物之一的拉·维莱特科学馆的立面图设计中，采用了点支式玻璃技术。人们随后将其称之为拉·维莱特体系。其每4块玻璃的4个孔洞由一个H形、X形或L形的金属构件连接，这种结构适用于变形较大的结构骨架上。

1990年，在点支式玻璃幕墙中首次采用了中空玻璃。由于点支座安装必须严格校准中空玻璃板的钻孔，因此在点支座局部构造中又加入了三层夹胶玻璃，使玻璃孔的内壁具有承载力。

点支式玻璃幕墙的核心是不锈钢连接件，其连接件有4点支承、3点支承、2点支承、1点支承等形式。

▲ **点支式玻璃爪连接件**

点支式玻璃雨篷基本构造做法是在经过钢化处理后的玻璃四角打好孔，用方形的连接板前后夹住玻璃，并用螺钉固定；位于玻璃后面的连接板则与金属肋连接，从而将玻璃板吊住。

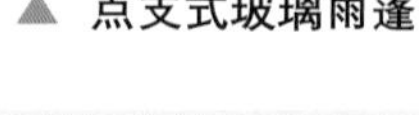

▲ **点支式玻璃雨篷**

点支式玻璃幕墙完成连接后，采用硅酮结构胶密封玻璃之间的缝隙，形成一个完整、封闭的整体。

▲ **点支式玻璃幕墙**

建筑大师贝聿铭先生在卢浮宫扩建工程地下广场的中心部位，采用了单拉互连点支式技术，将建筑、结构与机械完美结合，成为建筑极品。

▲ 卢浮宫的玻璃金字塔入口/华裔建筑设计大师贝聿铭

1996年，德国莱比锡展览中心竣工，它曾是世界上最大的采用点支式玻璃围护结构建筑物之一。该展览中心面积达20500m^2，玻璃屋顶厚度为20mm，跨度为80m，采用活动弹性球体支座悬挂在钢管拱结构上。

▲ 德国莱比锡展览中心

1.2.4 网格式玻璃幕墙

20世纪80年代末，德国结构工程师约格·施莱希（Jorg Schlaich）设计了玻璃壳屋面。该玻璃壳屋面结构的主要网格由直杆菱形网格组成，两块玻璃板通过硅酮结构胶粘接于直杆菱形网格上，预张紧的连续拉索连接于菱形网格上，对网格稳定起到支承作用。

（a）大厅处玻璃幕墙与顶盖

（b）走道处玻璃幕墙与顶盖

在进行网格结构设计时应与建筑师密切配合，在满足建筑使用功能的前提下，使网格与周围环境相协调，整体比例适当。

▲ 网格结构（大英博物馆）

（a）远处外立面效果

（b）近处局部效果

这座大楼是伦敦的地标性建筑，与伦敦著名的乔治国王时代房屋形成了鲜明对比；大楼高180m，其外观模仿维纳斯的花篮，由菱形的玻璃按照晶格框架结构排列而成。

▲ 圣玛莉艾克斯30号大楼/建筑师诺曼·福斯特

1.2.5 全玻璃幕墙

全玻璃幕墙是目前最流行的建筑玻璃幕墙形式之一，是指由玻璃肋和玻璃面板构成的玻璃幕墙。全玻璃幕墙按支承形式可分为吊挂式与落地式两种幕墙。其中，吊挂式是采用吊挂装置悬吊起玻璃进行安装，落地式则是落地式的玻璃受托于下支架上。吊挂式全玻璃幕墙多用于各类公共建筑的一、二层，即多数商场、写字楼首层的采光部分，其分格尺寸可以做得很大，竖向与横向很少有缝隙，整体外观效果平整、透明。

全玻璃幕墙已发展成为一个多品种的幕墙家族，通常包括玻璃肋胶接全玻璃幕墙和玻璃肋点连接全玻璃幕墙。

带玻璃肋的吊挂式玻璃幕墙适用于较高的建筑外墙，高度可达9m；玻璃多采用10～19mm厚夹层钢化玻璃，玻璃肋起到支承作用，同时可抵御风力。

▲ 带玻璃肋的吊挂式玻璃幕墙

无玻璃肋的落地式玻璃幕墙适用于高度较小的室内外建筑围合墙体，高度一般不超过4m；玻璃多采用10～15mm厚钢化玻璃，玻璃重量直接落地或落在地枕上。

▲ 无玻璃肋的落地式玻璃幕墙

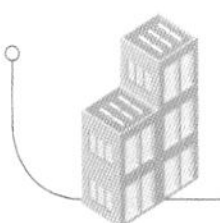

1.3 我国玻璃幕墙行业的发展

我国玻璃幕墙行业起步较晚。20世纪80年代至今，国内大中型城市开始在公共建筑大量使用玻璃幕墙，如商场、酒店、办公楼、体育馆和机场等。玻璃幕墙具有很强的防风、防雨、保温、隔热、防噪声等功能，既美观，又节能。

1985年，北京长城饭店竣工，标志着我国第一座现代高层玻璃幕墙建筑的出现。随后在全国各地陆续出现了大量玻璃幕墙建筑，如深圳国贸大厦、北京国贸大厦、北京京广中心等。

长城饭店建造时引进国外新型建筑材料和建筑技术，外墙采用了银色的铝板和明框玻璃幕墙，裙房有大面积采光顶。

▲ 北京长城饭店

深圳国贸大厦高160m，共53层，曾经是全国最高的建筑；该建筑的外墙为铝合金玻璃幕墙，与周围的人文自然景观相配合，成为深圳独特的旅游景点。

▲ 深圳国贸大厦

北京京广中心高208m，共57层。该中心集酒店、公寓、写字楼为一体，外墙采用了蓝灰色明框玻璃幕墙。

▲ 北京京广中心

20世纪90年代以后，我国引入了点支式玻璃幕墙技术。北京远洋大厦采用了大面积的点支式玻璃幕墙体系，是我国目前较大的点支式玻璃幕墙建筑。

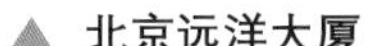

▲ 北京远洋大厦

南京国际展览中心是采用预应力拉索体系的点支式玻璃幕墙建筑。整个结构由不锈钢索组成支承体系，配合夹胶钢化玻璃，形成一个巨大的玻璃顶棚。

▲ 南京国际展览中心

（a）鸟瞰外景

上海东方艺术中心主体结构为由基座和依托在上面的花瓣组成的双曲面造型。幕墙玻璃采用透明玻璃吊夹、不同孔径的夹冲孔金属板组成，在阳光的照射下，会呈现出不同明暗灰度的颜色。

（b）室内玻璃幕墙构造

玻璃幕墙结构采用钢结构点支式玻璃幕墙体系，钢构架是由下端通过弹簧支座固定在基座上；其上端悬浮于椭圆形支承钢立柱上，再由不同长度、直径的圆形钢管组成的类似“辐条”形状反映到主体建筑上。幕墙饰面材料采用夹胶玻璃与钢构架通过点支式幕墙连接件来连接，点支式幕墙连接件的扣件已埋于玻璃内层，使得整个外立面更加简洁、明快。

▲ 上海东方艺术中心

目前，我国的玻璃幕墙基本采用钢化玻璃，以及中空钢化玻璃、夹胶钢化玻璃、夹丝钢化玻璃等多种玻璃材料。其中，中空钢化玻璃由于存在钻孔后漏气的问题，可以在连接螺栓处插入金属垫圈与胶片进行强化密封，再搭配硅酮密封胶填缝密封，这样经过三道工艺处理后，能够确保中空玻璃的密封性能。

为了在室内引入自然光，又能与卢浮宫其他扩建的建筑融合，贝聿铭设计了一个玻璃倒金字塔；与主入口处的正立金字塔不同，玻璃在该结构中发挥了更重要的支承作用，与钢材共同组成点支式幕墙玻璃体系。

▲ 法国卢浮宫博物馆倒玻璃金字塔构造/华裔建筑设计大师贝聿铭

第2章 幕墙用金属材料

学习难度：★★★☆☆

重点概念：钢材、不锈钢、铝合金、性能、强度计算

章节导读：玻璃幕墙是由金属龙骨与玻璃组成的非承重建筑结构。为了确保玻璃幕墙工程的施工质量，本章对建筑玻璃幕墙结构中的承载材料，包括钢材、不锈钢、铝合金材料等金属材料进行详细介绍。

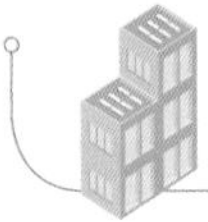

2.1 钢材

钢材通常分为碳素结构钢、低合金钢（或称为低合金结构钢）等多个品种。较大的建筑幕墙结构都以钢材为主龙骨，铝合金幕墙与建筑连接的构件大部分也为钢材。用于玻璃幕墙的钢材主要以碳素结构钢为主，以低合金钢为辅。

2.1.1 碳素结构钢

钢材的牌号由钢材的屈服点字母Q、屈服点数值、质量等级、脱氧方法四个部分顺序组成。钢材中的含碳量越多，钢的强度与硬度也越高，塑性越低。

碳素结构钢有Q195、Q215、Q235、Q255、Q275等牌号，其中牌号Q235在加工、焊接的工艺过程中，综合性能比较好，是玻璃幕墙结构中常用的钢材品种。

按含碳量的大小，碳素结构钢可分为含碳量0.03%～0.25%的低碳钢，含碳量0.26%～0.6%的中碳钢，含碳量0.6%～2.0%的高碳钢。

碳素结构钢按钢材质量通常可以分为：A（无冲击功规定）、B（20℃时，冲击功A_k≥27J）、C（0℃时，冲击功A_k≥27J）、D（－20℃时，冲击功A_k≥27J）四个等级。

碳素结构钢按脱氧方法可以分为镇静钢（Z）、半镇静钢（B）、沸腾钢（F）以及特殊镇静钢（TZ）四类。

（a）钢板

钢板通常被切割成条状，用于保护建筑横梁与立柱，用于幕墙结构中的底部横向支承结构。

（b）方形钢管

方形钢管用于玻璃幕墙的主要龙骨架，不同规格且纵横交错的方形钢管使用频率为最高。

▲ 碳素结构钢

2.1.2 低合金钢

在碳素结构钢中增加少量合金元素，不仅能提高强度，还能增强钢材的耐腐蚀性、耐磨性、抗低温冲击韧性，采用这种方法可生产出低合金钢。碳素结构钢中增加的各合金元素总量必须小于5%，加工完成的低合金钢中的碳含量应小于0.2%，这样才能方便钢材的进一步加工和焊接。

低合金钢按照脱氧方式分为镇静钢（Z）和特殊镇静钢（TZ），有Q295、Q345、Q390、Q420、Q460等牌号。其中，牌号Q345在玻璃幕墙构造中最为常见。

（a）实心钢柱

实心钢柱适用于玻璃幕墙的局部构造连接，或与玻璃五金件连接，具有良好的耐腐蚀性能，可以提高防腐涂层效果。

（b）低合金钢板

低合金钢板可被冷轧成形，可用于玻璃幕墙室内局部构造的外表装饰。

▲ 低合金钢材料

2.1.3　玻璃幕墙对钢材料的性能要求

2.1.3.1 物理性能

玻璃幕墙所采用的各类钢材均具有几乎相同的物理性能，通常其密度、热膨胀系数、弹性模量可按以下数值取值。

钢材密度$\rho = 7850\text{kg/m}^3$；钢材热膨胀系数$\alpha = 12 \times 10^{-6}/℃$；钢材弹性模量$E = 2.06 \times 10^5 \text{N/mm}^2$。

2.1.3.2 力学性能

关于钢材料的力学性能，表2-1列出了几种常用钢材的部分强度设计参考值。

表2-1　几种常用钢材的部分强度设计参考值

钢材	厚度或直径d/mm	抗拉强度/MPa	抗剪强度/MPa	端面承压/MPa
Q235	$d \leqslant 16$	210	120	320
	$16 < d \leqslant 40$	200	115	
	$40 < d \leqslant 60$	195	110	
Q345	$d \leqslant 16$	305	175	395
	$16 < d \leqslant 35$	290	165	
	$35 < d \leqslant 50$	260	150	

注：表中厚度是指钢材厚度。

2.1.3.3 钢材的防腐要求

玻璃幕墙的钢构件表面应进行防腐处理，如镀锌处理或涂刷铁红防锈涂料，以提高钢材的耐久性与安全性。镀锌处理是最基本要求，涂刷铁红防锈涂料次数应当不低于3遍。

★补充要点★

劣质钢材危害性极大

钢材质量低劣、焊接缺陷、骨架承载力不足等质量问题都会带来严重的安全隐患。在恶劣气候环境下，会造成建筑幕墙脱落，表面的渗漏点也会增多。

玻璃幕墙的金属骨架一般为角钢焊接而成。伪劣角钢的屈服强度变化很大（有时或小于200MPa，有时或大于450MPa），多为废旧钢材粗炼或轧制而成，其表面为冷镀锌工艺处理，防腐性能较差。

（a）截面超薄

（b）边棱部位残缺不全

角钢的肢件局部加厚，其截面厚度小于规定的标准尺寸，部分角钢的边棱部位残缺不全。

▲ “再生”伪劣角钢明显的外观缺陷

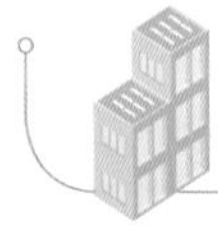

2.2 不锈钢

不锈钢是能在空气、水、化学腐蚀介质中抵抗腐蚀的一种高合金钢，具有不容易生锈的特点。由于在钢材中加入铬、镍等元素，其中铬（Cr）的化学性质比较活泼，与空气中的氧发生作用后，会生成一层牢固的氧化膜，改变钢材内部结构，不易生锈。为了保持不锈钢的耐腐蚀性，不锈钢通常必须含有不低于12%的铬。

2.2.1 不锈钢的品种与规格

不锈钢型材的种类繁多，性能各不相同，在玻璃幕墙设计时要注意选用适宜的不锈钢型材。

在玻璃幕墙中使用的不锈钢，应当具有一定的强度和良好的耐腐蚀能力，同时具有较大的韧性与焊接性。其中，使用较多的不锈钢型号有0Cr18Ni8、0Cr17Ti和1Cr17Mo2Ti。

建成于1930年的纽约克莱斯勒大厦高约319m，其巨型塔尖高约56m，期间仅针对不锈钢塔尖进行过两次必要的保养，且无任何元件需要更换。该案例深刻展示了不锈钢的超长耐用性、功能性以及美观性。

▲ 纽约克莱斯勒大厦

吉隆坡双子塔，高约452m。该楼外表面使用大量不锈钢和玻璃等材质，其中不锈钢覆层多达83500m^2。

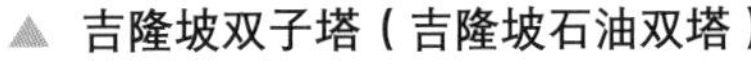

▲ 吉隆坡双子塔（吉隆坡石油双塔）

（a）迪拜哈利法塔全景

（b）迪拜哈利法塔玻璃幕墙局部

哈利法塔高约828m，共162层，采用316L不锈钢，不锈钢板面积约1.5万平方米。

▲ 迪拜哈利法塔/SOM建筑设计事务所

2.2.2　屈服强度

我国的不锈钢国家标准如《不锈钢棒》（GB/T 1220—2007）、《不锈钢冷轧钢板和钢带》（GB/T 3280—2015）等列出了各种牌号的不锈钢，并标出了这些产品的化学成分与力学性能，包括屈服强度、抗拉强度、伸长率和收缩率等。

由于不锈钢具有较高的强度、抗变形能力、光亮的视觉效果，可以用于点支式玻璃幕墙中的拉杆、拉索、支承结构、连接件等构造。

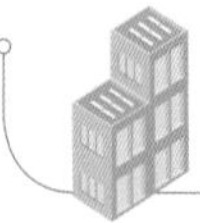

2.3 铝合金

▶ 微信扫码 ◀

虽然玻璃幕墙不承受建筑主体结构的重量，但是它要承受自身的重量、风荷载、地震荷载、室内外温度变化等所产生的作用力等。因此，除了对玻璃幕墙中的钢材、不锈钢有质量要求之外，还要关注铝合金材料的质量。

2.3.1 铝合金的品种与规格

目前，铝合金材料主要是由30号锻铝（6061）和31号锻铝（6063、6063A）经高温挤压成形、快速冷却，再经过阳极氧化、粉末喷涂或氟碳涂料喷涂等表面处理工艺制作而成。

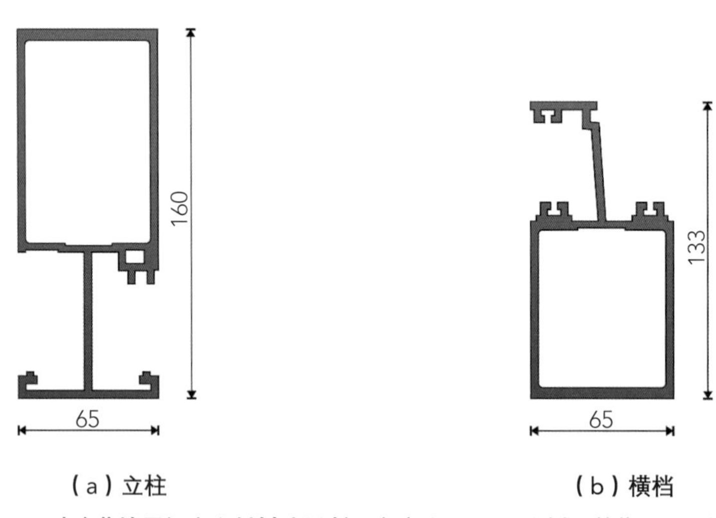

（a）立柱　　（b）横档

▲ 玻璃幕墙用铝合金材料（以断面高度为160mm为例，单位为mm）

玻璃幕墙用铝合金材料的品种牌号、供应状态与表面处理方式参见表2-2。

表2-2 玻璃幕墙用铝合金材料的品种牌号、供应状态与表面处理方式

品种牌号	供应状态	表面处理方式
LD30	R、CZ、CS	可以不处理，或阳极氧化，或阳极氧化与电解着色
LD31	R、RCS、CS	

注：R 为热挤压状态；CZ 为淬火自然状态；CS 为人工淬火状态；RCS 为高温成形后人工快速冷却状态。

2.3.2 铝合金的性能要求

2.3.2.1 物理性能

在室温条件下，铝合金材料与钢材、不锈钢的主要物理性能对比参考见表2-3。

表2-3 铝合金材料与钢材、不锈钢的主要物理性能对比参考

性能参数（图例）	钢材	不锈钢	铝合金材料
图例			
平均密度/（kg/m^3）	7850	7900	2800
熔点/℃	1450～1550	1450	660
线膨胀系数/℃$^{-1}$	12×10^{-6}	17.4×10^{-6}	23.6×10^{-6}
弹性模量/（N/mm^2）	207000	208000	75000

（1）铝合金材料的密度约为钢密度的30%。

（2）铝合金材料的线膨胀系数约为钢材的2倍。因此，铝合金材料结构对温度变化更为敏感，尤其是当它不受约束时，会产生较大变形。

（3）铝合金材料的弹性模量约为钢的30%，铝合金材料的变形和稳定问题显得十分重要。

（4）当铝合金材料暴露在大气中时，表面会形成防护氧化膜，耐腐蚀性较强。

2.3.2.2 力学性能

铝合金材料的部分室温力学性能参见表2-4。

表2-4 铝合金材料的部分室温力学性能

铝合金牌号	热处理状态	壁厚/mm	抗拉强度σ_b/MPa	规定非比例伸长应力$\sigma_{P_{0.2}}$/MPa	伸长率/%	硬度试验		
						试验厚度/mm	维氏硬度（HV）	韦氏硬度（HW）
6061	T4	所有	≥185	≥115	≥15			
	T6		≥270	≥250	≥9			
6063	T5		≥165	≥115	≥9	≥0.8	≥60	≥8
	T6		≥210	≥185	≥9			
6063A	T5	≤10	≥205	≥165	≥6	≥0.8	≥66	≥10
		＞10	≥195	≥155	≥6			
	T6	≤10	≥235	≥195	≥6			
		＞10	≥225	≥185	≥5			

2.3.3 强度计算

铝合金材料的部分强度设计值参见表2-5。

表2-5　铝合金材料的部分强度设计值

铝合金牌号	热处理状态	壁厚/mm	强度设计值/MPa		
			抗拉强度	抗剪强度	局部承压
6061	T4	所有	86	50	135
	T6		192	112	200
6063	T5		86	50	125
	T6		142	52	165
6063A	T5	≤10	125	75	152
		＞10	118	68	145
	T6	≤10	148	86	175
		＞10	142	82	165

2.3.4　铝合金外观质量要求

铝合金型材表面应当洁净，不能有任何裂纹、起皮、腐蚀和气泡存在。其材料表面可以允许具有轻微的压坑、碰伤、擦伤、划伤等缺陷，参见表2-6的规定。由于模具造成的纵向挤压痕深度，LD30合金不得超过0.08mm，LD31合金不得超过0.05mm。

表2-6　幕墙用铝合金型材质量缺陷要求

合金状态	允许深度/mm			
	装饰面		非装饰面	
	普通级	高精级、超高精级	普通级	高精级、越高精级
RCS	≤0.09	≤0.05	＜0.22	＜0.12
其他	＜0.16	＜0.1	＜0.22	＜0.12

注：有质量缺陷的材料装饰面朝向应在设计图纸中标明，空心材料内表面不按本表要求。

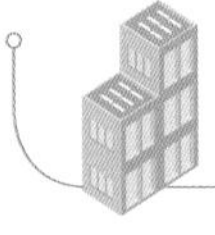

2.4　金属型材加工

2.4.1　钢构件加工

2.4.1.1　平板型预埋件

（1）锚板边长允许偏差为±5mm。

（2）普通锚筋长度的允许偏差为+8mm，两面为穿透式预埋件。其中，锚筋长度的允许偏差为+5mm，均不允许存在负偏差。

（3）圆锚筋的中心线允许偏差为±6mm。

（4）锚筋与锚板面的垂直度允许偏差为l_s/35（l_s为锚固钢筋长度）。

2.4.1.2 槽型预埋件

槽型预埋件的表面与槽内应进行防腐处理，加工尺寸的精度应符合下列要求。

（1）预埋件长度、宽度和厚度允许偏差分别为+8mm、+5mm、+3mm，不允许负偏差。

（2）槽口的允许偏差为+2mm，不允许负偏差。

（3）锚筋中心线允许偏差为±2mm，锚筋长度允许偏差为+5mm，不允许负偏差。

（4）锚筋与槽板的垂直度允许偏差为l_s/35（l_s为锚固钢筋长度）。

2.4.1.3 连接件与支承件

连接件与支承件的外观应平整，不能出现裂纹、毛刺、凹凸、翘曲、变形等缺陷。连接件、支承件尺寸允许偏差应符合表2-7的要求。

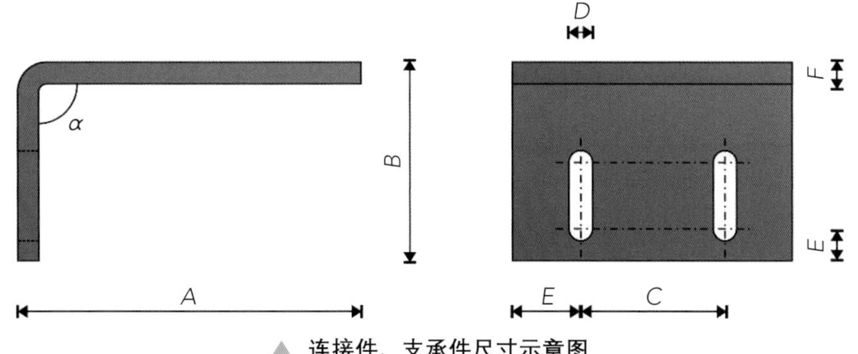

▲ 连接件、支承件尺寸示意图

表2-7 连接件、支承件尺寸允许偏差 单位：mm

项目	允许偏差
连接件高A	+5，−2
连接件长B	+5，−2
孔距C	+1.0
孔宽D	+1.0，0
边距E	+1.0，0
壁厚F	+0.5，−0.2
弯曲角度α/(°)	±2

2.4.1.4 钢材立柱与横梁

钢材立柱及横梁的加工应符合国家标准《钢结构工程施工质量验收标准》（GB 50205—2020）的要求。

2.4.1.5 点支式玻璃幕墙的支承钢结构

（1）合理划分拼装单元，分单元组装的钢结构宜先进行预拼装。

（2）管桁架应当预先计算，采用数控机床切割加工。

（3）钢构件拼装单元的节点位置允许偏差为 ± 2.0mm；构件长度和拼装单元长度正负偏差，可取长度的1/2000。

（4）管件连接焊缝应沿全长连续、均匀、饱满、平滑，无气泡、杂质，支管壁厚小于6mm时可不切坡口；角焊缝的焊脚高度不宜大于支管壁厚的2倍。

（5）玻璃幕墙应采用碳素结构钢和低合金高强度结构钢，并对材料采取有效的防腐处理。当采用热浸镀锌防腐蚀处理时，锌膜厚度应符合国家标准《金属覆盖层　钢铁制件热浸镀锌层　技术要求及试验方法》（GB／T 13912—2020）的要求。

（6）用氟碳涂料喷涂或聚氨酯涂料喷涂时，涂膜的厚度不宜小于40μm；在空气污染地区，涂膜厚度不宜小于50μm。

2.4.1.6 杆索体系

（1）拉杆和拉索应进行拉断试验，且两者之间不能采用焊接工艺进行连接。

（2）拉索下料前应进行调直预张拉，张拉力可取破断拉力的50%，持续时间为2h以上。

（3）截断后的钢索应采用挤压机进行套筒固定。

（4）杆索结构应在工作台座上进行预拼装，注意防止表面碰伤。

2.4.1.7 钢构件连接与涂装

对钢构件完成焊接、螺栓连接、铆钉连接后，进行表面涂装即可完成加工。其中，焊接要注意避免虚焊，采用防锈涂料涂装后，要对表面再进行饰面涂装，形成统一的视觉效果。

焊接点应当密实，无虚焊或漏焊。

▲ 电焊

在焊接部位涂刷3遍防锈涂料，再涂刷3遍饰面涂料。

▲ 刷防锈涂料

2.4.2 铝型材加工

2.4.2.1 铝合金构件

（1）裁切铝合金型材之前，应当进行校直调整。

（2）横梁长度允许偏差为±0.5mm，立柱长度允许偏差为±1.0mm，端头斜度的允许偏差为－12°。

（3）截料端头不应有变形，且应去除表面毛刺。

（4）孔位的允许偏差为±0.5mm，孔距的允许偏差为±0.5mm，累计偏差为±1.0mm。

2.4.2.2 铝合金构件中的槽、豁、榫

（1）铝合金构件槽口尺寸允许偏差应符合表2-8的要求。

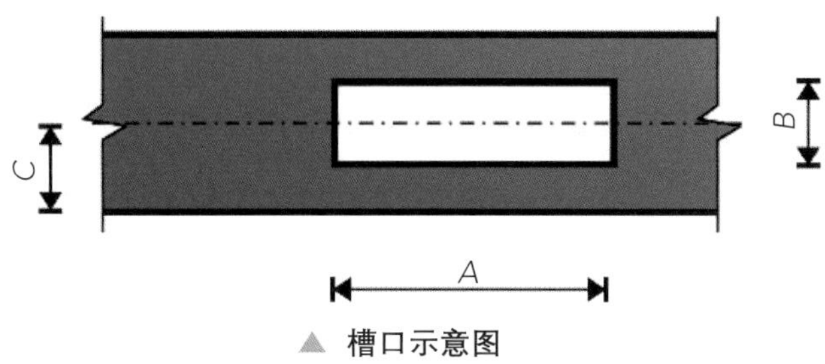

▲ 槽口示意图

表2-8 铝合金构件槽口尺寸允许偏差要求 单位：mm

项目	允许偏差
A	+0.5，0
B	+0.5，0
C	±0.5

（2）铝合金构件豁口尺寸允许偏差应符合表2-9的要求。

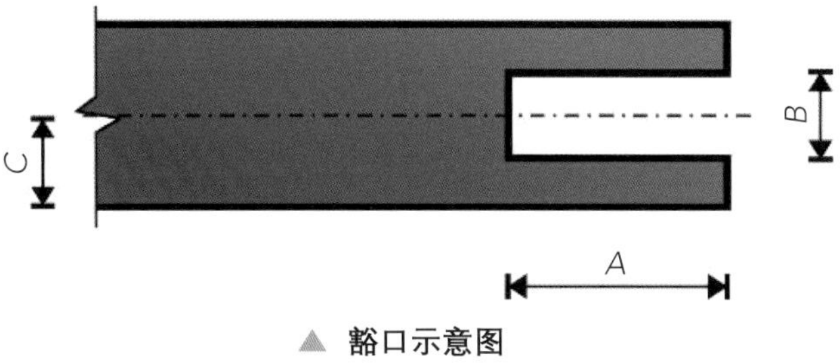

▲ 豁口示意图

表2-9 铝合金构件豁口尺寸允许偏差要求 单位：mm

项目	允许偏差
A	+0.5，0
B	+0.5，0
C	±0.5

（3）铝合金构件榫头尺寸允许偏差应符合表2-10的要求。

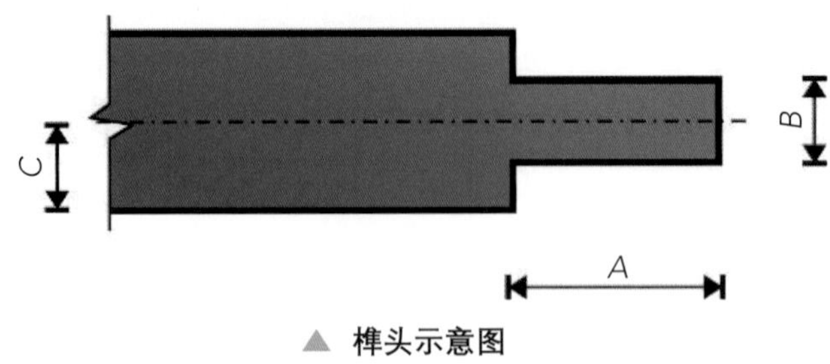

▲ 榫头示意图

表2-10 铝合金构件榫头尺寸允许偏差要求 单位：mm

项目	允许偏差
A	0，－0.5
B	0，－0.5
C	±0.5

2.4.2.3 铝合金构件弯曲加工

铝合金构件宜采用拉弯设备进行弯加工，弯加工后的构件表面应光滑，不得有皱折、凹凸、裂纹等损伤。

2.4.2.4 铝型材表面涂装

铝合金型材表面一般采用阳极氧化、电泳涂装、粉末喷涂、氟碳涂料喷涂进行表面处理。铝合金型材表面处理层的厚度要求参见表2-11的要求。

表2-11 铝合金型材表面处理层的厚度要求 单位：mm

表面处理方法		膜厚级别（涂层种类）	厚度（*t*）	
			平均膜厚	局部膜厚
阳极氧化		不低于AA15	≥16	≥12
电泳涂装	阳极氧化膜	B	≥10	≥8
	涂料膜	B	≥8	≥8
	复合膜	B	≥18	≥16
粉末喷涂		C	≈80	≥40，≤120
氟碳涂料喷涂		C	≥40	≥36

从业主和建筑师的角度而言，玻璃的选用主要从外观、经济、安全等几个方面考虑。此外，还要根据建筑节能、隔声、防火等环节的需要，选用不同品种的幕墙玻璃。

▲ 现代钢化玻璃幕墙

第3章

幕墙用玻璃

学习难度： ★★★★☆

重点概念： 钢化玻璃、镀膜玻璃、中空玻璃、夹层玻璃、吸热玻璃

章节导读： 玻璃的主要成分是二氧化硅和其他氧化物。建筑玻璃的成本约占幕墙整体成本的45%，其所占面积约为幕墙总面积90%以上。玻璃直接影响着玻璃幕墙结构的各项力学性能，同时也影响建筑风格。

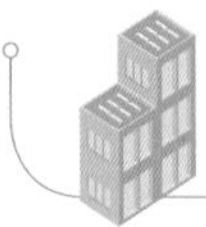

3.1 钢化与半钢化玻璃

3.1.1 钢化玻璃

钢化玻璃抗压强度好，其抗压强度是普通玻璃的6倍左右，且一旦破碎后，碎片面积小，不易伤人，安全性较高。此外，钢化玻璃有优异的耐热冲击性能，最高使用安全温度约达280℃，最高可以承受约200℃的温差。但是，钢化玻璃一旦加工成形后，就不能继续对其进行切割或钻孔。现代钢化玻璃工艺技术很成熟，现代钢化玻璃已被广泛用于高层建筑门窗与玻璃幕墙。

3.1.1.1 制作工艺

钢化玻璃是通过对普通平板玻璃进行二次加温，当加温控制至近软化点时，采用高速吹冷风的方式急剧降温而成的。

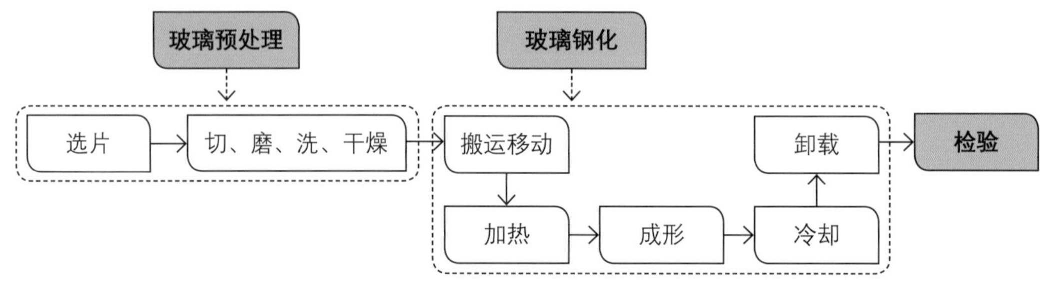

▲ 钢化玻璃的生产系统示意图

3.1.1.2 品种与规格

钢化玻璃按平整度来分，可以分为优等品与合格品。其中，优等品用于汽车挡风玻璃，合格品用于建筑装饰与玻璃幕墙。

钢化玻璃按形状来分，可分为平面钢化玻璃和曲面钢化玻璃。钢化玻璃厚度有6mm、8mm、10mm、12mm、15mm、19mm等规格。由普通玻璃加工而成的钢化玻璃，由于内部分子结构会紧密收缩，厚度会有所下降，因此通常相同规格的钢化玻璃厚度比普通玻璃薄0.5～1mm，具体加工后的厚度要根据设备质量、技术水平等来确定。

平面钢化玻璃具有较好的力学性能和热稳定性，常用作建筑物的门窗、隔墙、幕墙以及橱窗等方面。

▲ 平面钢化玻璃

曲面玻璃主要用于汽车、火车、飞机等交通工具，也可以用于特殊造型的建筑幕墙。

▲ 曲面钢化玻璃

3.1.1.3 性能要求

（1）弯曲度。弯曲度适用于平面钢化玻璃。平面钢化玻璃的弯曲度，弓形时应不超过0.5%，波形时应不超过0.3%。

（2）抗弯强度。平面钢化玻璃的抗弯强度应按规定进行测定，取30块样品，强度的平均值不能低于220 MPa。

（3）抗冲击性。当检验钢化玻璃的抗冲击性时，取6块样品进行试验。样品破坏数不超过1块为合格，≥3块为不合格；破坏数为2块时，再取6块样品进行试验，但6块样品必须全部不被破坏。

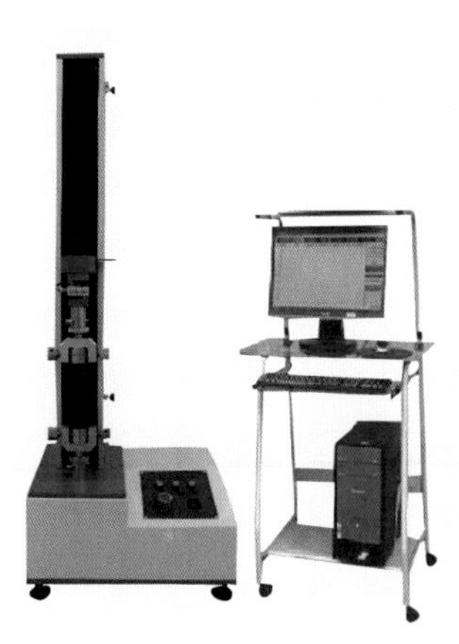

采用三点抗弯强度测试机，可以测试各种钢化玻璃成品、半成品的三点抗弯、静压测试、双环测试等物理性能。采用各种不同的夹具，还可进行抗拉、抗压、持拉、持压、抗弯、撕裂、剥离、剪力等试验。

▲ 三点抗弯强度测试机（抗弯强度检测）

霰弹袋冲击测试机是一种检验钢化玻璃抗冲击性能的专用测试仪器。试验时，应当使用相同质量的钢化玻璃进行冲击，在不同高度的冲击下，对钢化玻璃的抗穿透性或强度进行测试。

▲ 霰弹袋冲击测试机（抗冲击性检测）

（4）热稳定性。对3块样品进行试验，30s内使钢化玻璃经受－30～80℃温度变化测试，这3块样品均不应破碎。

（5）碎片状态。取4块钢化玻璃样品进行试验，每块样品在50mm×50mm区域内的碎片数必须超过50个。允许有少量长条形碎片，其长度不超过75mm，端部不能是刀刃状，延伸至玻璃边缘的长条形碎片与边缘形成的角度应≤45°。

（6）外观质量。钢化玻璃的外观质量要求应符合表3-1的规定。

表3-1 钢化玻璃的外观质量要求

缺陷名称	说明	允许缺陷数	
		优等品	合格品
爆边	每片玻璃每米边长上允许长度≤10mm；自玻璃边部向玻璃板表面延伸深度≤2mm；自板面向玻璃厚度延伸深度，不超过厚度1/3的爆边个数	不允许	1条

续表

<table>
<tr><th rowspan="2">缺陷名称</th><th rowspan="2">说明</th><th colspan="2">允许缺陷数</th></tr>
<tr><th>优等品</th><th>合格品</th></tr>
<tr><td rowspan="2">划伤</td><td>宽度≤0.1mm，每平方米面积内允许存在条数</td><td>长≤50mm，4条</td><td>长≤100mm，4条</td></tr>
<tr><td>宽度>0.1mm，每平方米面积内允许存在条数</td><td>宽0.1～0.5mm，长≤50mm，1条</td><td>宽0.1～1mm，长≤100mm，4条</td></tr>
<tr><td>夹钳印</td><td colspan="3">夹钳印中心与玻璃边缘的距离≤20mm，边部变形量≤2mm</td></tr>
<tr><td>结石、裂纹、缺角</td><td colspan="3">均不允许存在</td></tr>
</table>

（7）尺寸与误差要求。平面钢化玻璃的尺寸由设计图纸标明指定，其尺寸允许偏差应符合表3-2的规定。曲面钢化玻璃的形状和边长的允许偏差、吻合度可由设计要求确定。钢化玻璃的厚度允许偏差应符合表3-3的规定。

表3-2 平面钢化玻璃的尺寸允许偏差 单位：mm

<table>
<tr><th rowspan="2">玻璃厚度</th><th colspan="3">长边的长度（L）</th></tr>
<tr><th>$L \leqslant 1000$</th><th>$1000 < L \leqslant 2000$</th><th>$2000 < L \leqslant 3000$</th></tr>
<tr><td>4、5、6</td><td>+1，−2</td><td rowspan="2">±3</td><td rowspan="3">±4</td></tr>
<tr><td>8、10、12</td><td>+2，−3</td></tr>
<tr><td>15</td><td>±3</td><td>±4</td></tr>
<tr><td>19</td><td>±4</td><td>±5</td><td>±6</td></tr>
</table>

表3-3 钢化玻璃的厚度允许偏差 单位：mm

<table>
<tr><th>名称</th><th>玻璃厚度</th><th>厚度允许偏差</th></tr>
<tr><td rowspan="7">钢化玻璃</td><td>5.0</td><td rowspan="2">±0.4</td></tr>
<tr><td>6.0</td></tr>
<tr><td>8.0</td><td rowspan="2">±0.6</td></tr>
<tr><td>10.0</td></tr>
<tr><td>12.0</td><td rowspan="2">±0.8</td></tr>
<tr><td>15.0</td></tr>
<tr><td>19.0</td><td>±1.0</td></tr>
</table>

3.1.2 半钢化玻璃

半钢化玻璃是介于普通玻璃和钢化玻璃之间的品种。它的抗压强度为普通玻璃的2倍。半钢化玻璃能避免钢化玻璃平整度差、易自爆等缺陷，即使意外破碎，其裂缝也不交叉，所形成的放射形裂缝直达边缘。因其边缘有玻璃胶粘接或边框夹持，玻璃碎片不易掉落。

(a)

(b)

大楼顶部外挑70m，倒挂玻璃的更换极为困难和危险，对玻璃幕墙的性能要求很高。为此专门进行了论证，采用双夹胶中空玻璃，四片玻璃均为半钢化玻璃。

▲ 北京中央电视台总部大楼

广州市长大厦采用6mm厚金黄色镀膜半钢化玻璃，由于玻璃表面较平整，金黄色的反射景物畸变很小，非常美观，而且至今未发现有自爆现象发生。

▲ 广州市长大厦

位于莫斯科的俄罗斯联邦大厦，采用的幕墙夹胶玻璃和单片玻璃全部为半钢化玻璃。

▲ 俄罗斯联邦大厦

3.1.2.1 制作工艺

半钢化玻璃的生产过程与钢化玻璃基本相同，仅在淬冷时的风压有所区别，冷却效果小于钢化玻璃。

3.1.2.2 性能要求

（1）弯曲度。平面钢化玻璃的弯曲度应满足表3-4的规定。

表3-4　平面钢化玻璃的弯曲度

缺陷名称		说明	允许缺陷数
		水平法/%	垂直法/%
弯曲度	弓形/（mm/mm）	0.3	0.5
	波形/（mm/300mm）	0.2	0.3

（2）耐热冲击性能。取4块样品试验，当全部符合耐100℃温差时为合格；如果有2块以上不符合时为不合格；如果有一块不符合时，应当重新追加一块样品，如符合该规定就视为合格。当有2块不符合时，应当重新追加2块样品，全部符合规定则为合格。

（3）抗风压性能。根据玻璃幕墙的安装高度与环境风压，综合考虑是否应进行该项性能试验，合理选择给定风压条件与玻璃厚度。

（4）外观质量。半钢化玻璃的外观质量应符合表3-5的规定。

表3-5　半钢化玻璃的外观质量

缺陷名称	项目	要求
划伤	宽度≤0.1mm，长度≤100m，每平方米面积内允许存在的条数	≤6条
	0.5mm＜宽度＜0.1mm，长度≤100m，每平方米面积内允许存在的条数	≤3条
爆边、裂纹、缺角	均不允许存在	

（5）尺寸与误差要求。半钢化玻璃的厚度允许偏差应满足表3-6的规定。矩形半钢化玻璃制品，其尺寸偏差应符合表3-7规定。边长大于3000mm或不规则形状的半钢化玻璃制品，尺寸偏差可根据设计和施工要求确定。钢化玻璃与半钢化玻璃的区别见表3-8。

表3-6　半钢化玻璃的厚度允许偏差　单位：mm

名称	玻璃厚度	厚度允许偏差
半钢化玻璃	3.0	±0.2
	4.0	
	5.0	
	6.0	

续表

名称	玻璃厚度	厚度允许偏差
半钢化玻璃	8.0	±0.35
	10.0	

表3-7 矩形半钢化玻璃制品的尺寸偏差 单位：mm

玻璃厚度尺寸	长边的长度（L）		
	$L\leqslant 1000$	$1000<L\leqslant 2000$	$2000<L\leqslant 3000$
3，4，5，6	+0.5，−1.0	+0.5，−2.0	+1.0，−3.0
8，10，12	+1.0，−2.0	+1.0，−3.0	+2.0，−4.0

表3-8 钢化玻璃与半钢化玻璃的区别

玻璃品种	钢化玻璃	半钢化玻璃
破碎图样		
不同之处	安全玻璃	非安全玻璃
	有自爆的可能，但破碎后呈颗粒状，不会对人身造成严重伤害	破碎后有大块玻璃和尖锐破裂刃口，会严重伤人，但没有自爆风险
	国家强制3C认证	不需要国家强制3C认证，强度比钢化玻璃稍差
	两种玻璃的制作工艺相似，半钢化玻璃在急冷过程中的风压低于钢化玻璃；半钢化玻璃的强度和抗热冲击性能都略低于钢化玻璃，但是平整性好，光学畸变小	

注：部分厂商为节约成本，会将半钢化玻璃作为钢化玻璃销售，可以通过破坏玻璃以观察碎片的状态来进行判断。

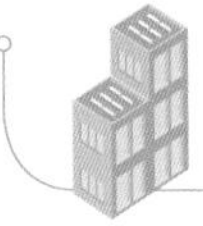

3.2 镀膜玻璃

镀膜玻璃又称为反射玻璃，是在玻璃表面涂镀一层或多层金属或金属化合物薄膜，这样能使光辐射能耗降低约20%~30%。镀膜玻璃具有金色、银色、灰色、青铜色、茶色、蓝色、棕色等不同颜色，能丰富玻璃幕墙的装饰效果，减少室内眩光。镀膜玻璃幕墙具有单向透视功能。例如，在白天人们可以在室内看清室外的景象，但在室外却看不到室内的景象。

建筑幕墙用的镀膜玻璃按产品的特性，可分为热反射镀膜玻璃与低辐射镀膜玻璃两种。

3.2.1 热反射镀膜玻璃

热反射镀膜玻璃又称为阳光控制镀膜玻璃、遮阳玻璃，它能对波长350~1800nm的太阳光具有一定的反射与吸收作用，适用于幕墙玻璃、外墙门窗玻璃等。

热反射镀膜玻璃表面镀了一层或多层金属化合物薄膜，这些金属主要包括铬、钛、不锈钢等，使玻璃呈现出丰富的色彩，对可见光有适当的透射率，对红外线有较高的反射率，对紫外线则有较高的吸收率。热反射镀膜玻璃主要能够降低玻璃的遮阳系数，降低光辐射的穿透性，提高遮阳效果。热反射镀膜玻璃表面由于镀层不同，颜色也不同，常见的颜色有灰色、茶色、金色、纯金色、银灰色、黄色、蓝色、绿色、蓝绿、紫色、玫瑰红色、中性色等。

(a)　　(b)

白天从光线强的室外隔着建筑玻璃看去，玻璃犹如镜面一般，可将周围景物映射出来，视线却无法透过玻璃；从光线弱的室内看去，对面景物一览无余。上述情况，在夜晚时恰恰相反。

▲ 热反射镀膜玻璃幕墙的镜片效应与单向透视性

热反射镀膜玻璃是典型的单向透视玻璃，有利于建筑室内的冬暖夏凉，能够降低空调能耗。在夏季光照强的地区，热反射镀膜玻璃的隔热作用十分明显，能有效降低进入室内的阳光热辐射。但是，在无阳光环境中，如夜晚或阴雨天气时，热反射镀膜玻璃的隔热作用与普通玻璃并没有太大区别。热反射镀膜玻璃的镜片效应与单向透视性特别适用于建筑玻璃幕墙。

3.2.1.1 制作工艺

热反射镀膜玻璃是采用热喷涂镀膜法、沉积镀膜法、电浮法等工艺，在玻璃表面镀上一层或多层金、银、铜、镍、铬、铁及金属氧化物薄膜制作而成的。热反射镀膜玻璃可以保持玻璃的透光率，同时降低阳光的热辐射能力，从而降低室内制冷空调能耗。

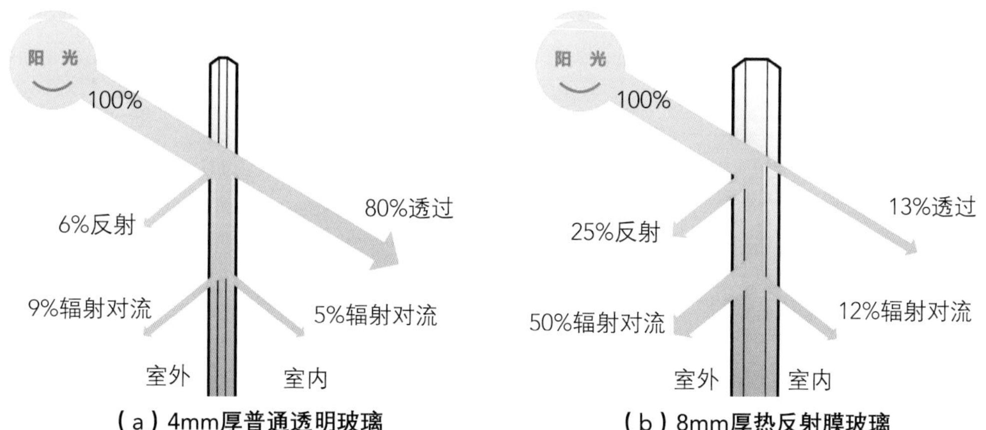

（a）4mm厚普通透明玻璃　　（b）8mm厚热反射膜玻璃

热反射镀膜玻璃的物理性能与未镀膜的玻璃原片基本相同，但其热学性能、光学性能与普通透明玻璃不同；热反射镀膜玻璃具有优异的热反射能力、良好的透光性能、单向透视性等。

▲ 4mm厚普通透明玻璃与8mm厚热反射膜玻璃的热学性能比较

3.2.1.2 品种与规格

热反射镀膜玻璃的厚度主要有5mm、6mm、8mm、10mm、12mm几种规格。其幅面尺寸以其玻璃原片的规格为准，一般应大于等于1000mm × 1200mm或小于等于2500mm × 3000mm。任何规格的热反射镀膜玻璃通常都需要定制。

3.2.1.3 性能要求

（1）玻璃原片。采用阴极溅射法、离子镀膜法生产的热反射镀膜玻璃，质量优异。采用电浮法生产的热反射镀膜玻璃，可能会存在光学变形、划痕等瑕疵，但是都处于国家质量标准控制范围之内。

（2）尺寸与误差要求。热反射镀膜玻璃的长、宽偏差（包括斜偏）要求见表3-9。

表3-9　热反射镀膜玻璃的长、宽偏差（包括斜偏）要求　　单位：mm

玻璃厚度	允许偏差	
	≤2000 × 2000	＞2000 × 2000
5～6	± 3	± 4
8～10	± 4	± 5

（3）热反射镀膜玻璃的光学性能、色差及耐磨性能要求参见表3-10。

表3-10　热反射镀膜玻璃的光学性能、色差及耐磨性能要求

加工工艺	系列	颜色	型号	可见光		太阳光		总透射比/%	遮阳系数	色差值△*E*（CIE Lab）	耐磨指标△*T*%
				透射比/%	反射比/%	透射比/%	反射比/%				
真空磁控阴极溅射	St	银	MStSi-14	15±2	25±3	15±3	25±3	28±5	0.28±0.05	≤5	≤10
		灰	MStCr-8	10±2	38±3	10±3	36±3	18±5	0.18±0.05		
			MStCr-32	35±2	18±8	18±4	15±3	45±6	0.10±0.05		
		金	MStCo-10	12±2	24±3	9±3	28±3	20±5	0.25±0.05		
	Ti	蓝	MTiBL-10	12±4	16±3	25±4	20±3	39±6	0.40±0.05		
		土	MTiEa-10	12±2	20±3	10±3	30±3	22±5	0.25±0.05		
	Cr	银	MCrSi-20	18±3	28±3	20±3	25±3	30±5	0.40±0.05		
		蓝	MCrBi-20	18±3	20±3	20±3	19±3	35±5	0.40±0.05		
		茶	MCrBr-14	12±2	16±3	15±3	14±3	30±5	0.30±0.05		
			MCrBr-10	9±2	9±3	15±3	10±3	28±5	0.35±0.08		
电浮法	Bi	茶	EBiBr	30~45	10~30	50~65	12~25	50~70	0.45~0.40		
离子镀膜	Cr	灰	JCrCr	4~20	20~40	6~24	20~38	18~38	0.25~0.40		
		茶	ICrBr	10~20	20~40	10~24	20~38	18~38	0.25~0.40		

注：阴极溅射、离子镀膜产品的反射功能为玻璃面，电浮法产品的反射功能为镀膜面。

3.2.2　低辐射镀膜玻璃

低辐射镀膜玻璃又称为Low–E玻璃，或保温镀膜玻璃。低辐射镀膜玻璃对波长4.5～25μm的红外线有较高的反射效果。其对远红外线的反射率高达93%，当室内温度高于室外温度，室内高温产生的红外线遇到低辐射镀膜玻璃时，会有90%以上的辐射反射回室内，从而起到保温作用。因此，低辐射镀膜玻璃适用于寒冷地区的建筑门窗玻璃，同时也可作为展示陈列空间的防止紫外线破坏展品色泽的专用玻璃。低辐射镀膜玻璃可以加工成中空玻璃、夹层玻璃、钢化玻璃等多个品种。

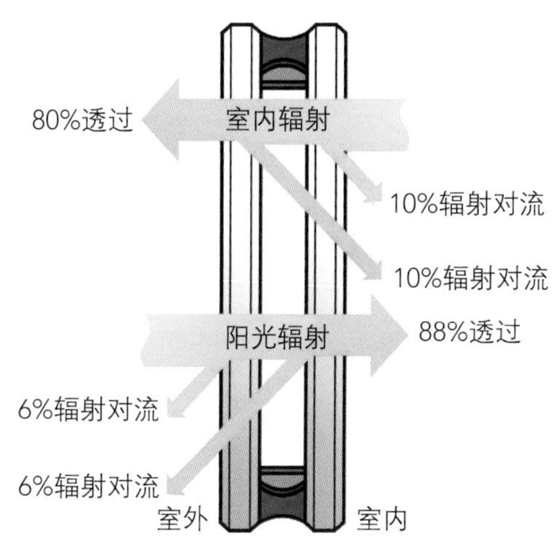

（a）5mm＋9mm＋5mm普通中空玻璃

普通中空玻璃对室内远红外线的反射仅为20%，80%的热能被传输到室外。

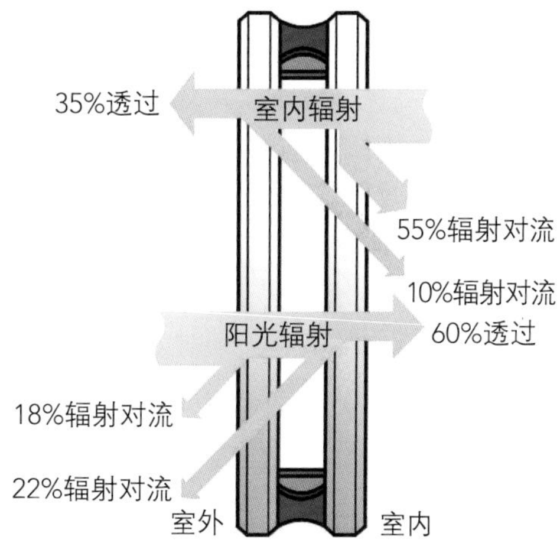

（b）5mm＋9mm＋5mm低辐射镀膜玻璃

低辐射镀膜玻璃的中空玻璃对室内物体、墙体等发出的远红外线反射为65%，35%的热能被传输到室外。

▲ 两种中空玻璃的热学性能比较

3.2.2.1 制作工艺

低辐射镀膜玻璃是采用高温热解沉积法或阴极溅射镀膜法，在玻璃原片表面镀上一层或多层金属、合金或金属氧化物薄膜制作而成的。

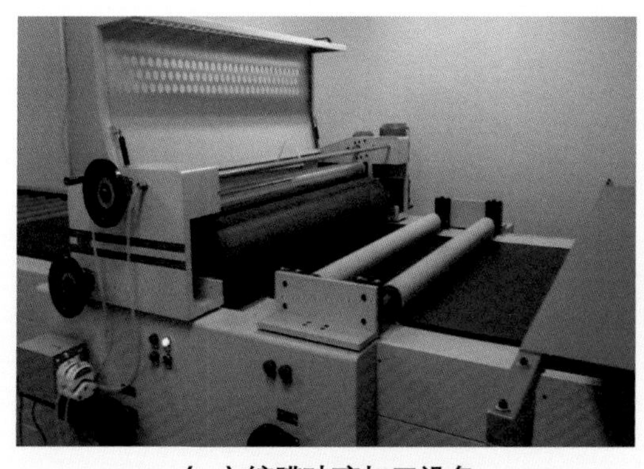

（a）镀膜玻璃加工设备

（b）中空镀膜玻璃

由于在寒冷的环境下，单层玻璃会结霜导致产生水膜而妨碍低辐射膜对远红外线的反射，因而低辐射镀膜玻璃多为中空玻璃的形式，而且不是单片使用。

▲ 低辐射镀膜玻璃的加工制作

3.2.2.2 品种与规格

低辐射镀膜玻璃颜色有金色、灰色、青铜色、古铜色、粉红色、蓝色、绿色、棕色等多种。低辐射镀膜玻璃的厚度尺寸有5mm、6mm、8mm、10mm、12mm等几种规格。任何规格的低辐射镀膜玻璃通常都需要定制。

低辐射镀膜玻璃根据不同型号，可分为高透型玻璃、遮阳型玻璃、双银型玻璃。

（1）高透型玻璃。其具有较高的可见光透射率，采光自然，效果通透，能有效避免光污染；冬季太阳热辐射透过玻璃进入室内能增加室内温度，适用于我国北方地区，制作成中空玻璃后效果较好。

（2）遮阳型玻璃。其具有适宜的可见光透射率，太阳光透过率较低，对室外强光具有一定的遮蔽性；遮阳型玻璃制作成中空玻璃后，节能效果较好。

（3）双银型玻璃。其对太阳热辐射的遮蔽效果很好，在可见光透射率相同的情况下，具有更低的阳光透过率，适用范围不受地区限制，适合于多种气候。但是，其成本较高。

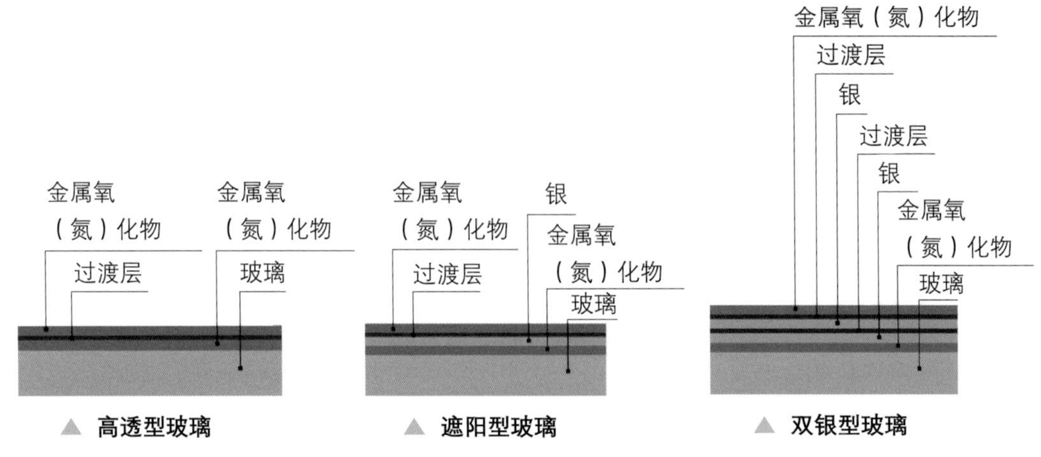

▲ 高透型玻璃　▲ 遮阳型玻璃　▲ 双银型玻璃

3.2.2.3 性能要求

中空玻璃（3mm低辐射镀膜玻璃＋3mm普通平板玻璃）的光学性能与热学性能，参见表3-11。

表3-11　中空玻璃（3mm低辐射镀膜玻璃＋3mm普通平板玻璃）的光学性能与热学性能

型号	可见光			太阳光		传热系数/[W/（m²·K）]		遮阳系数
	反射率/%	反射率/%		透射率/%	反射率/%	夏日	冬夜	
		室内	室外					
Super E™	76	14	16	59	24	1.95	1.78	0.76
CTO-3	67	13	17	48	17	1.99	1.88	0.70

注：1. 夏日的总传热系数条件是：室内 23℃、室外 32℃，风速 4.5m/s，日照强度 880W/m²。

2. 冬夜的总传热系数条件是：室内 21℃、室外－8℃，风速 9.5m/s。

3. 遮阳系数是指太阳光通过玻璃进入室内的热量，与通过厚度为 3mm 透明玻璃热量的比值，遮阳系数越小，阻挡阳光辐射的性能越好。

3.2.2.4 镀膜层质量

低辐射镀膜玻璃在亮度均匀的观察条件下，产品应满足以下质量要求。

（1）均匀性。在3m远处观察镀膜玻璃，其反射光、透射光允许有可接受的轻微变化，也允许可能由镀膜引起的色条或斑纹存在。

（2）划痕。在2m远处观察镀膜玻璃，在距边部100mm的区域内，允许有大于60mm长的可见划痕。

（3）针孔。在2m远处观察镀膜玻璃，针孔直径不允许大于2mm，不允许有大量集中的可见小针孔。

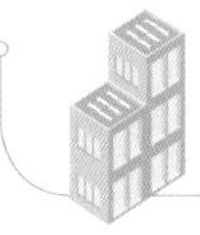

3.3 吸热玻璃

吸热玻璃是在普通玻璃的原材料中加入着色剂，或在普通玻璃表面喷镀一层或多层金属氧化薄膜制成的。吸热玻璃能够吸收太阳热能、可见光和紫外线，能够减少紫外线对室内人体与物体的损害。吸热玻璃具有一定的透视性能，透过它可以清晰地看到室外景物，可被广泛用于炎热地区的建筑门窗、玻璃幕墙等。

吸热玻璃有灰色、茶色、蓝色、绿色、古铜色、青铜色、粉红色、金黄色等颜色。

3.3.1 吸热玻璃的规格

由于吸热玻璃具有一定的膨胀性，对规格有相应要求，吸热玻璃应当为矩形，长宽比不得大于2.5。厚度为2mm、3mm的吸热玻璃尺寸，不得小于400mm × 300mm；而厚度为4mm、5mm、6mm的吸热玻璃，不得小于600mm × 400mm。

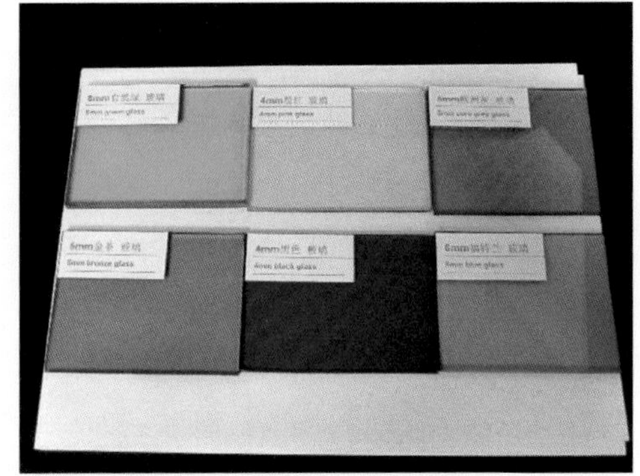

吸热玻璃也称有色玻璃，是指加入彩色艺术玻璃着色剂后，呈现不同颜色的玻璃。

▲ 多种颜色的吸热玻璃

吸热普通平板玻璃以普通平板玻璃为玻璃原片，加入着色剂后可变成有色玻璃，能够吸收太阳可见光，减弱太阳光的强度。

▲ 吸热普通平板玻璃

3.3.2 吸热玻璃的性能要求

（1）光学性能

吸热普通平板玻璃的光学性能要求参见表3-12。

表3-12 吸热普通平板玻璃的光学性能要求

颜色	可见光透射比/%	太阳光直接透射比/%
茶色	≥38	≤58
灰色	≥32	≤65
蓝色	≥46	≤72

注：以 5mm 厚玻璃为标准。

（2）外观质量

吸热普通平板玻璃的外观质量要求参见表3-13。

表3-13 吸热普通平板玻璃的外观质量要求

缺陷种类	说明	特选品	一等品	二等品
波筋（包括波纹辊子花）	允许看出波筋的最大角度	35°	45°；50mm 边部，60°	60°；100mm 边部，90°
气泡	长度1mm以下的	集中的，不允许	集中的，不允许	不限
	长度大于1mm的，每平方米面积允许个数	≤6mm，6个	≤8mm，6个；8~10mm，2个	≤10mm，8个；10~20mm，2个
划伤	宽度0.1mm以下的，每平方米面积允许条数	长度≤50mm，3条	长度≤100mm，3条	不限
	宽度＞0.1mm的，每平方米面积允许条数	不允许	宽0.1~0.4mm，长＜100mm，1条	宽0.1~0.8mm，长＜100mm，2条
砂粒	非破坏性的，直径0.5~2mm，每平方米面积允许个数	不允许	3个	10个
疙瘩	非破坏性的透明疙瘩，波及范围直径≤3mm，每平方米面积允许个数	不允许	1个	3个
线道		不允许	30mm边部允许有宽0.5mm以下的1条	宽0.5mm以下的1条

注：集中气泡是指 100mm 直径圆面积内超过 6 个。

（3）边角缺陷

吸热普通平板玻璃的边部凸出或残缺部分不得超过3mm，一片玻璃只允许有一个缺角，沿原角等分线测量不超过5mm。

（4）弯曲度、尺寸偏差

吸热普通平板玻璃的弯曲度应≤0.3%，尺寸偏差应不超过±3mm。

（5）厚度偏差

吸热普通平板玻璃的厚度偏差要求参见表3-14。

表3-14 吸热普通平板玻璃的厚度偏差要求 单位：mm

厚度	允许偏差
4	±0.20
5	±0.25
6	±0.28

3.3.3 吸热浮法玻璃

浮法玻璃的生产是玻璃在成形过程中，通入保护气体（如氮气和氢气）于锡槽中完成的。浮法玻璃的优点是能够高效率地制造优质平板玻璃，具有没有波筋、厚度均匀、上下表面平整和互相平行等优点，易于管理和实现自动化生产。

通过浮法工艺制作的吸热浮法玻璃性能稳定，幅面尺寸应大于等于1000mm×1200mm，小于等于2500mm×3000mm；其厚度为5mm、6mm、8mm、10mm、12mm。

（a）

（b）

吸热浮法玻璃是以浮法玻璃为玻璃原片，加入着色剂后变成有色玻璃，能够吸收太阳可见光，减弱太阳光的强度。

▲ 吸热浮法玻璃

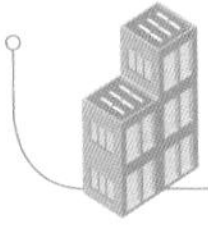

3.4 中空玻璃

中空玻璃是一种多层复合玻璃，它由两层或多层玻璃组成，中间采用铝合金边条将玻璃隔开，四周采用密封胶粘接密封，从而在玻璃之间形成一个密闭的空间。

中空玻璃在建筑上的应用很广泛，如玻璃幕墙、隔断墙、各种门窗、商业橱窗、采光屋面、温室等。

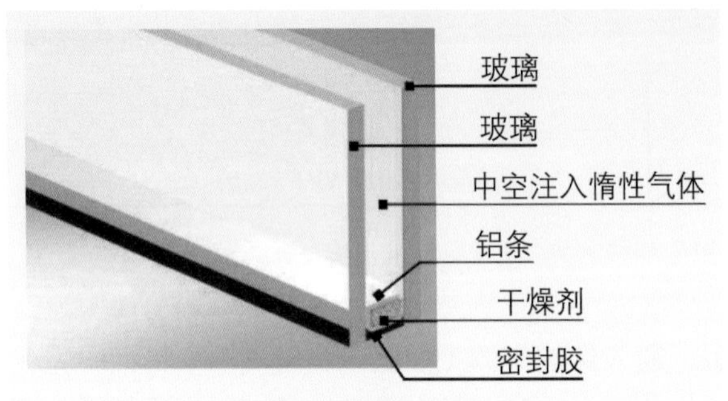

▲ 中空玻璃构造示意图

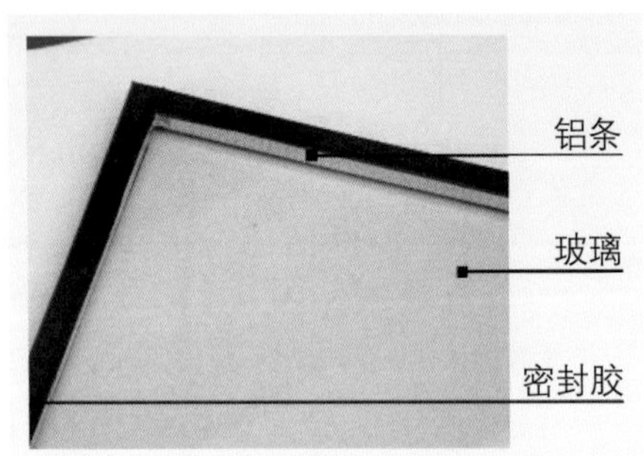

▲ 中空玻璃外观结构

3.4.1 中空玻璃的特性

中空玻璃具有良好的隔热保温、隔声、防结露、降低冷辐射和安全等性能。

（1）隔热保温性能

由于中空玻璃具有密闭的空间，空间内注入了惰性气体，因而中空玻璃的传热系数值比普通玻璃的传热系数值低很多。采用中空玻璃制作玻璃幕墙，可大幅降低空调能耗。

（2）隔声性能

普通中空玻璃可以使进入室内的噪声衰减35dB左右；通过选用非等厚玻璃，并且采用夹胶或无金属间隔条等措施，可以使噪声衰减60dB左右。

（3）防结露性能

中空玻璃的热阻比普通单层玻璃的热阻大很多，可以降低结露的温度。此外，由于中空玻璃内部密封，空间内的水分被干燥剂吸收，在温度降低时，中空玻璃的内部也不会产生凝露现象。

（4）降低冷辐射性能

尽管冬季室内温度较高，但是在靠近玻璃幕墙的部位，会感受到来自玻璃的室外低温，采用中空玻璃会使这种低温感大幅降低。

（5）安全性能

使用中空玻璃，可以大幅提高玻璃的安全性能。例如，在使用相同厚度的单片玻璃情况下，中空玻璃的抗风压强度约是单片玻璃抗风压强度的2.5倍。

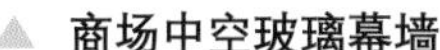

▲ 商场中空玻璃幕墙

▲ 室内中空玻璃窗

3.4.2　中空玻璃的制作工艺

中空玻璃生产技术最早来自美国，主要制作工艺包括焊接法、熔接法、胶接法、胶条法等。目前，玻璃幕墙中采用的中空玻璃以胶接法工艺为主。

（1）焊接法

将两片或两片以上的玻璃四边表面镀上锡与铜，以金属焊接工艺使玻璃与密封框密封相连。焊接法具有较好的耐久性，需要在玻璃上进行镀锡、镀铜、焊接等热加工；生产时所需设备较多，需要用较多的有色金属，生产成本较高。

（2）熔接法

采用高温电炉将两块材质相同的玻璃边缘同时加热至软化温度，再用压力机将玻璃边缘加压，使两块玻璃的四边压合成一体，在玻璃内的空腔中充入干燥气体。熔接法生产的产品耐久性好且不漏气。其缺点是产品规格小，不易生产三层及镀膜等特种中空玻璃，选用的玻璃厚度范围小，一般为5～8mm，产量低。

（3）胶接法

将两片或两片以上玻璃的周边采用装有干燥剂的间隔框分开，并用密封胶密封。胶接法生产的中空玻璃适用范围广，其生产工艺成熟，生产的产品是目前市场的主流产品。

▲ 中空玻璃打胶机

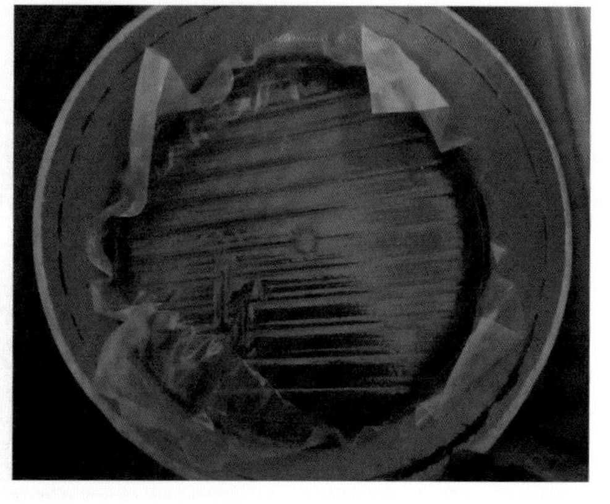

▲ 中空玻璃密封胶（丁基胶或称为丁基热熔密封胶、丁基热熔胶）

（4）胶条法

将两片或两片以上玻璃的四周用胶条粘接成具有一定空腔厚度的中空玻璃，胶条中加入干燥剂，并配有铝片。胶条法生产工艺简单，适用性很广。

▲ 中空玻璃密封胶条

▲ 密封好的中空玻璃

3.4.3 中空玻璃的品种与规格

中空玻璃按玻璃层数，可分为双层中空玻璃、三层中空玻璃、四层中空玻璃；按使用功能，可分为普通中空玻璃、隔热中空玻璃、遮阳中空玻璃、散光中空玻璃等。按使用功能划分的中空玻璃见表3-15。中空玻璃常用规格见表3-16。

表3-15 按使用功能划分的中空玻璃

序号	品种	图案	结构与特性
1	普通中空玻璃		由两层平板玻璃构成，间隔层为空气，具有节能、隔声、防霜露功能
2	钢化中空玻璃		强度更高

续表

序号	品种	图案	结构与特性
3	夹丝中空玻璃		内有夹丝，碎片不落下，能提升安全性
4	隔声中空玻璃		采用多层不同厚度的玻璃，玻璃间距各不相同，隔声效果良好
5	隔热中空玻璃		由热反射镀膜玻璃构成的双层中空玻璃，中间填充惰性气体
6	遮阳中空玻璃		由热反射镀膜玻璃、低辐射膜镀膜玻璃构成，其中还可以增加遮阳窗帘
7	散光中空玻璃		采用压花玻璃或用玻璃纤维填充层以分散玻璃的光线，同时能降低太阳的透射热量

续表

序号	品种	图案	结构与特性
8	电热中空玻璃		采用导电镀膜玻璃，使玻璃内表面的温度高于露点，不会形成水蒸气或结露、结霜
9	发光中空玻璃		间隔层中注入能发光的惰性气体，通电后能发光，可装饰橱窗
10	透紫外线中空玻璃		能使紫外线较多地进入室内
11	防紫外线中空玻璃		能吸收紫外线，使室内不受或少受紫外线的影响
12	防辐射中空玻璃		能阻滞射线的玻璃，使室内不受或少受辐射

表3-16　中空玻璃常用规格　单位：mm

原片玻璃厚度	空气层厚度	方形尺寸	矩形尺寸
5	9，12，15，21	1500×1500	1500×2400，1600×2400，1800×2500
6		1800×1800	1800×2400，2000×2500，2200×2600
8		2400×2400	2000×2600，2200×2800，2400×3200
10		3600×3600	2400×2800，2800×3600，3200×3600

注：其他形状和尺寸由供需双方商定。

3.4.4　中空玻璃的性能要求

（1）间隔框

间隔框为铝合金材料制作，它决定空气层的厚度。空气层的厚度对中空玻璃的隔热性至关重要；使用铝合金间隔框时，必须去污或进行阳极化处理。

（2）干燥剂

干燥剂被注入间隔框中，能吸收空气层中的水分，保持空气层干燥、不结露。

（3）密封胶

密封胶是指能粘接、固定玻璃的膏状物，使用后可变成具有一定硬度的密封材料。中空玻璃的密封胶有两层：第一层密封胶使用热熔丁基胶，对水蒸气的扩散率很低，对中空玻璃的使用寿命延长作用很大；第二层密封胶主要实现玻璃板和间隔框之间的结构性粘接，主要有聚硫胶、硅酮胶和聚氨酯胶。此外，使用的第一层、第二层密封胶组分间色差应分明；隐框幕墙采用第二层密封胶时必须是硅酮密封胶，必须满足中空玻璃的性能要求。

（4）尺寸与误差要求

中空玻璃的长度及宽度允许偏差、中空玻璃的厚度允许偏差，应分别符合表3-17、表3-18的要求。

表3-17　中空玻璃的长度及宽度允许偏差　单位：mm

长度或宽度	允许偏差
＜1000	±2.0
1000～2000	±2.5
＞2000～2500	±3.0

表3-18 中空玻璃的厚度允许偏差　　单位：mm

单片厚度	单片与中空整体厚度	允许偏差
≤6	＜18	±1.0
	18～25	±1.5
＞6	＞25	±2.0

★补充要点★

辨别中空玻璃的优劣

1. 观察小气孔。在中空玻璃的密封处切一个小截面，如果有小气孔，一般为手工打胶，空气进入了密封胶中。

2. 观察丁基胶包角。采用丁基胶时应当对4个边角进行有效包裹，可延长中空玻璃的使用寿命。

3. 观察内部密封胶。撕开密封胶后，如果玻璃表面比较光滑，且没有残留胶，则说明密封胶和玻璃表面没有黏结力，密封效果较差或完全无密封效果。

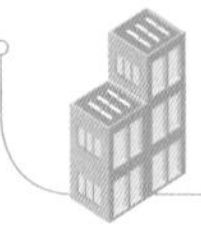

3.5 夹层玻璃

夹层玻璃抗冲击强度比普通玻璃的抗冲击强度高，即使受到强大冲击而遭到破坏，但由于夹层玻璃中的塑料薄片能起到粘接作用，不会因产生玻璃碎片而伤人；同时，夹层玻璃还具有良好的透光、耐热、耐潮湿和耐寒性能。夹层玻璃适用于高层建筑、工业厂房、大型商场、体育场馆的门窗玻璃与幕墙玻璃等。

3.5.1 夹层玻璃的制作工艺

两片或多片普通平板玻璃、钢化玻璃、吸热玻璃等玻璃品种，可以被一层或多层聚乙烯醇缩丁醛树脂（PVB）内夹层粘接在一起；再经电热高压釜被加热到约140℃，在高压下维持6h，以消除玻璃与内夹层之间的空气。在高压下，玻璃层可能会发生破碎，但碎片会被牢固地粘接在内夹层里，十分安全。

采用PVB内夹层玻璃的边缘要求能长期承受潮湿环境的影响，在运输和储存中要避免玻璃边缘的过度潮湿。

3.5.2 夹层玻璃的品种与规格

夹层玻璃的中间层一般为两层PVB，厚度为0.8mm。常用单层玻璃板的厚度有5mm、

6mm、8mm、10mm、12mm、15mm等，夹层玻璃的厚度和面积可以根据需要进行定制。

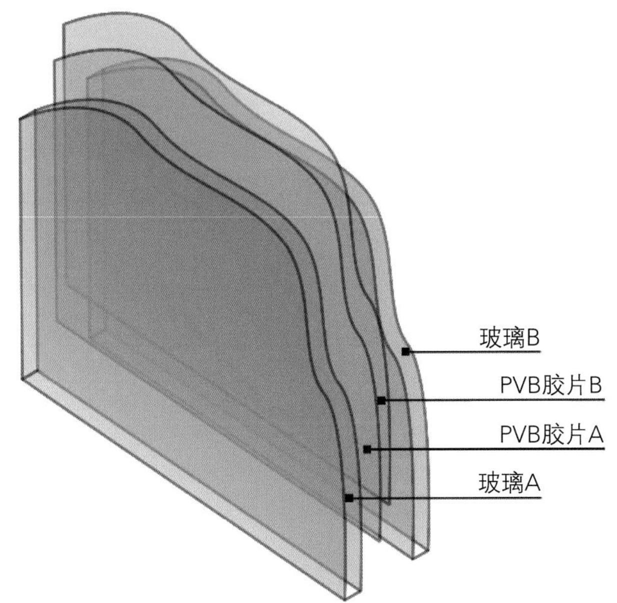

夹层玻璃是由坚韧的PVB胶片将两块或三块玻璃板在一定温度和压力下粘接成整体，以增加玻璃的抗破碎能力；制作夹层玻璃的原片玻璃，可采用钢化玻璃、半钢化玻璃、浮法玻璃、压花玻璃、夹丝玻璃、吸热玻璃等。

▲ 夹层玻璃构造示意图

3.5.3 夹层玻璃的性能要求

3.5.3.1 耐热性

取3块夹层玻璃样品进行试验。3块样品全部符合要求时为合格，1块符合要求时为不合格。当两块样品符合要求时，再追加3块新样品进行试验，3块全部符合要求时则为合格。试验后允许样品存在裂口，但超出边部或裂口13mm部分，不能产生气泡或其他缺陷。

3.5.3.2 耐温性

取3块夹层玻璃样品进行试验。3块样品全部符合要求时为合格，1块符合要求时为不合格。当两块样品符合要求时，再追加3块新样品进行试验，3块全部符合要求时则为合格。试验后超出原始边15mm、新切边25mm、裂口10mm部分，不能产生气泡或其他缺陷。

3.5.3.3 耐辐照性

试验后要求样品不产生显著变化、气泡及浑浊现象。

3.5.3.4 对角线偏差

矩形夹层玻璃制品一边长度大于2400mm时，其对角线偏差应当小于3mm。

平面夹层玻璃的弯曲度不得超过0.3%。

▲ 平面夹层玻璃的弯曲度

矩形夹层玻璃制品的一边长度小于2400mm，其对角线偏差值不得大于4mm。

▲ 矩形夹层玻璃的对角线偏差

3.5.3.5 力学性能

（1）落球冲击剥离性能。取6块夹层玻璃样品进行试验。当5块或5块以上符合要求时为合格，3块或3块以下符合要求时为不合格；当4块样品符合要求时，再追加6块新样品进行试验，6块全部符合要求时为合格；试验后的中间层不能断裂或剥落而暴露。

（2）霰弹袋冲击性能。取4块样品进行试验，4块样品均应符合表3-19的规定；该项不适用于评价比样品尺寸或面积大得多的制品。

表3-19 夹层玻璃的霰弹袋冲击性能要求

种类	冲击高度/mm	性能要求
Ⅱ-1类	1200	样品要求不被破坏；如果样品被破坏，破坏部分不应存在断裂或产生使ϕ75mm球自由通过的孔，需同时满足以下要求： 1.允许出现裂缝和碎裂物，但不允许出现断裂或产生使ϕ75mm球自由通过的孔； 2.在不同高度冲击后发生崩裂而产生碎片时，称量试验后5min内掉下来的10块最大碎片，其质量不得超过70cm^{2}面积内原始样品的质量； 3.经过1200mm冲击后，样品不一定保留在试验框内，但应保持完整。
Ⅱ-2类	750	
Ⅲ类	300→450→600→750→900→1200	

3.5.3.6 外观质量

夹层玻璃的外观质量不允许存在裂纹，爆边的长度或宽度不得超过玻璃的厚度，划伤和磨伤不能影响使用，不允许存在脱胶。此外，气泡、中间层杂质及其他可观察到的不透明物等相关点缺陷允许个数，应符合表3-20的规定。

表3-20 相关点缺陷的允许要求

缺陷尺寸/mm			$0.5<\lambda\leqslant1.0$	$1.05<\lambda\leqslant3.0$			
板面面积S/m^2			S不限	$S\leqslant1$	$1<S\leqslant2$	$2<S\leqslant8$	$S\geqslant8$
允许的缺陷数（个）	玻璃层数	2层	不得密集存在	1	2	1/m^2	1.2/m^2
		3层		2	3	1.5/m^2	1.8/m^2
		4层		3	4	2/m^2	2.4/m^2
		≥5层		4	5	2.5/m^2	3/m^2

注：1. 小于 0.5mm 的缺陷不予以考虑，不允许出现大于 2mm 的缺陷。

2. 当出现下列情况之一时，视为密集存在：

（1）两层玻璃时，出现 3 个或 3 个以上的缺陷，且彼此相距不到 250mm；

（2）三层玻璃时，出现 3 个或 3 个以上的缺陷，且彼此相距不到 200mm；

（3）四层玻璃时，出现 3 个或 3 个以上的缺陷，且彼此相距不到 180mm；

（4）五层以上玻璃时，出现 3 个或 3 个以上的缺陷，且彼此相距不到 120mm。

3.5.3.7 尺寸偏差

（1）厚度偏差。当一边长度超过2400mm的单层玻璃，或多层玻璃总厚度超过24mm时，使用钢化玻璃作原片玻璃的制品及其他特殊形状的制品，其尺寸允许偏差应当小于2mm。

① 干法夹层玻璃厚度偏差。干法夹层玻璃厚度偏差不能超过构成夹层玻璃的原片允许偏差和中间层允许偏差之和。中间层总厚度小于2mm时，其允许偏差不予考虑；中间层总厚度大于2mm时，其允许偏差为±0.2mm。

② 湿法夹层玻璃厚度偏差。湿法夹层玻璃厚度偏差不能超过构成夹层玻璃的原片允许偏差与中间层的允许偏差之和。湿法夹层玻璃中间层的允许偏差参见表3-21。

表3-21 湿法夹层玻璃中间层的允许偏差 单位：mm

中间层厚度（d）	允许偏差
$d<1$	±0.3
$1\leqslant d<2$	±0.4
$2\leqslant d<3$	±0.5
$d\leqslant3$	±0.6

（2）长度与宽度偏差。平面夹层玻璃的长度与宽度偏差要求参见表3-22。

表3-22　平面夹层玻璃的长度与宽度偏差要求　　单位：mm

总厚度（D）	长度或宽度（L）	
	1200≤L	1200＜L＜2400
4≤D＜6	+1，−1	+2，−1
6≤D＜11	+2，−1	+3，−1
11≤D＜17	+3，−1	+3，−2
17≤D＜24	+3，−2	+4，−3

（3）叠差允许偏差要求。湿法夹层玻璃中间层的叠差允许偏差参见表3-23。

表3-23　湿法夹层玻璃中间层的叠差允许偏差　　单位：mm

长度或宽度（L）	最大允许叠差（σ）
L＜1000	2.0
1000≤L＜2000	2.5
2000≤L＜4000	3.5
L≥4000	5.5

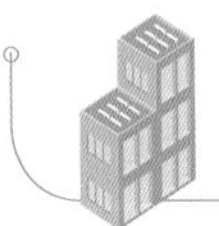

3.6　夹丝玻璃

夹丝玻璃又称防火玻璃，是一种安全型复合玻璃。与普通平板玻璃相比，夹丝玻璃具有良好的耐冲击性能和耐热性能，由于玻璃中夹有金属丝或金属网，即使破裂也不会产生碎片伤人，具有隔绝火源的作用。夹丝玻璃主要适用于各种公共建筑幕墙与门窗用玻璃等。

3.6.1　夹丝玻璃的制作工艺

夹丝玻璃的生产工艺方法为压延法。当金属丝网展开后被送往熔融的玻璃液中，随着玻璃液通过上、下两个压延辊后制成。夹丝玻璃中的金属丝网网格形状一般为方形或六角形，而玻璃表面可以带花纹。夹丝玻璃可以是无色透明，或有各种颜色。

3.6.2　夹丝玻璃的品种与规格

夹丝玻璃按其表面情况可以分为夹丝压花玻璃和夹丝磨光玻璃。夹丝压花玻璃是在其压延成形过程中，玻璃一面被压有花纹制作而成的；夹丝磨光玻璃是将压延成形后的玻璃表面进行磨光处理制作而成的。

夹丝玻璃厚度一般为6～16mm，幅面尺寸为（600mm×400mm）～（2000mm×1200mm）。任何规格的夹丝玻璃都需要进行定制。

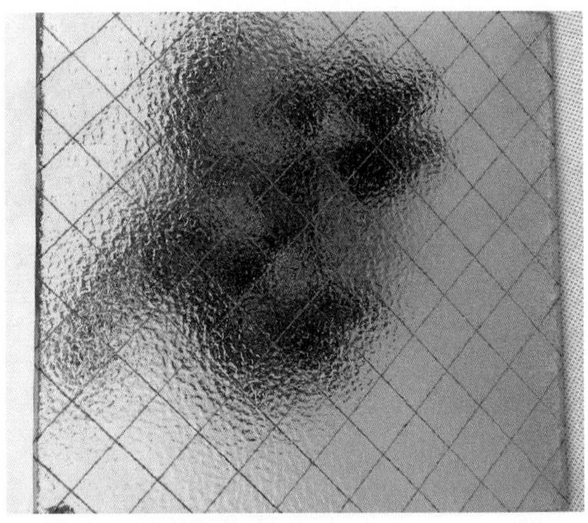

夹丝压花玻璃是在压延过程中夹入金属丝或网，一面压有花纹的平板玻璃制作而成的。

▲ 夹丝压花玻璃

夹丝磨光玻璃是由玻璃表面进行磨光处理的夹丝玻璃制作而成的。

▲ 夹丝磨光玻璃

3.6.3　夹丝玻璃的性能要求

（1）丝网要求。金属丝或金属网丝分为普通（细）钢丝和特殊（粗）钢丝两种。

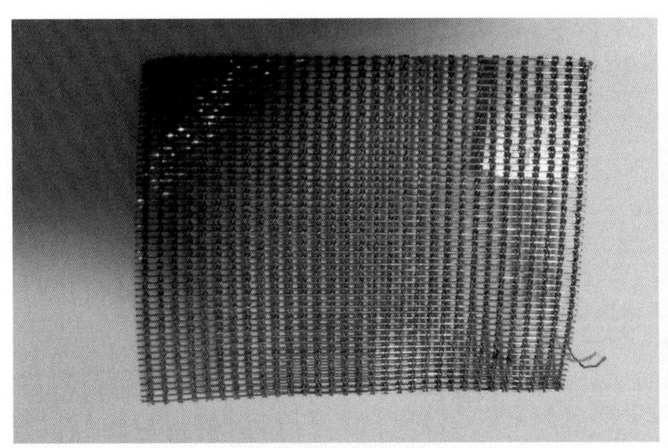

（a）普通（细）钢丝网

（b）特殊（粗）钢丝网

金属丝网应为金属丝经点焊而成，普通钢丝的直径一般为0.4mm以上，特殊钢丝的直径一般为0.3mm以上。

▲ 夹丝玻璃的金属丝网

（2）防火。夹丝玻璃用作防火门、窗等镶嵌材料时，具有防火性能。

（3）外观质量。夹丝玻璃的外观质量要求参见表3-24。

表3-24　夹丝玻璃的外观质量要求

<table>
<tr><th>缺陷名称</th><th>说明</th><th>优等品</th><th>一等品</th><th>合格品</th></tr>
<tr><td>气泡</td><td>直径3～6mm的圆泡，每平方米面积内允许个数</td><td>4个</td><td colspan="2">数量不限，但不允许密集</td></tr>
<tr><td>气泡</td><td>长泡，每平方米面积内允许个数</td><td>长4～6mm，2个</td><td>长4～6mm，10个</td><td>长4～6mm，10个；长6～16mm，4个</td></tr>
<tr><td>花纹变形</td><td>花纹变形程度</td><td colspan="2">不允许明显的花纹变形</td><td>不规定</td></tr>
<tr><td rowspan="2">异物</td><td>破坏性的</td><td colspan="3">不允许</td></tr>
<tr><td>直径0.5～2mm非破坏性的，每平方米面积内允许个数</td><td>4个</td><td>6个</td><td>10个</td></tr>
<tr><td>磨伤</td><td></td><td>轻微</td><td colspan="2">不影响使用</td></tr>
<tr><td>裂纹</td><td></td><td colspan="2">目测不能识别</td><td>不影响使用</td></tr>
<tr><td rowspan="4">金属丝</td><td>金属丝夹入玻璃内状态</td><td colspan="3">应完全夹入玻璃内，不得露出表面</td></tr>
<tr><td>脱焊</td><td>不允许</td><td>距边部35mm内不限</td><td>距边部120mm内不限</td></tr>
<tr><td>断线</td><td colspan="3">不允许</td></tr>
<tr><td>接头</td><td>不允许</td><td colspan="2">目测看不见</td></tr>
</table>

（4）尺寸偏差

夹丝玻璃的尺寸偏差要求见表3-25。

表3-25　夹丝玻璃的尺寸偏差要求　　单位：mm

<table>
<tr><th rowspan="2">项目</th><th colspan="2">允许偏差</th></tr>
<tr><th>优等品</th><th>一等品与合格品</th></tr>
<tr><td>6mm厚度</td><td>±0.5</td><td>±0.6</td></tr>
<tr><td>8mm厚度</td><td>±0.6</td><td>±0.7</td></tr>
</table>

续表

项目	允许偏差	
	优等品	一等品与合格品
10mm厚度	±1.0	±1.0
长度、宽度	±4.0	
夹丝压花玻璃的弯曲度	≤1.0	
夹丝磨光玻璃的弯曲度	≤0.5	
边部凸出、缺口尺寸	≤5	
偏斜尺寸	≤3	
缺角	每片玻璃只允许有一个缺角，且缺角的深度应≤4mm	

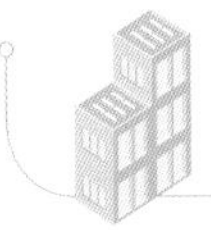

3.7 幕墙用玻璃加工

3.7.1 钢化玻璃加工

采用单片钢化玻璃时，其尺寸的允许偏差应符合表3-26的要求。

表3-26 单片钢化玻璃尺寸允许偏差要求 单位：mm

项目	玻璃厚度	玻璃边长	
		$L \leqslant 2000$	$L > 2000$
边长	6、8、10、12	±1.5	±2.0
	15、19	±2.0	±3.0
对角线差	6、8、10、12	≤2.0	≤3.0
	15、19	≤3.0	≤3.5

3.7.2 中空玻璃加工

中空玻璃合片加工时，应考虑制作处和安装处不同气压的影响，采取措施防止玻璃大面积变形。中空玻璃的钻孔可采用大小孔相对的方式，开孔处应采取多道密封措施。中空玻璃的间隔铝框可采用连续折弯型或插角型，不能使用热熔型间隔胶条。

采用中空玻璃时，其尺寸允许偏差应符合表3-27的要求。

表3-27 中空玻璃尺寸允许偏差要求 单位：mm

项目	允许偏差	
边长	$L<1000$	±1.5
	$1000\leq L<2000$	+2.0，-2.5
	$L\geq 2000$	±2.5
划角线差	$L\leq 2000$	≤2.5
	$L>2000$	≤3.5
厚度	$t<17$	±0.5
	$17\leq t<22$	±1.0
	$t\geq 22$	±1.5
叠差	$L<1000$	±1.5
	$1000\leq L<2000$	±2.5
	$2000\leq L<4000$	±3.0
	$L\geq 4000$	±4.0

注：L 为长度、宽度，t 为厚度。

3.7.3 夹层玻璃加工

采用低辐射镀膜玻璃加工成中空玻璃时，镀膜面应朝向中空气体层。采用夹层玻璃时，应采用干法加工合成，其夹片宜采用PVB胶片。

夹层玻璃的钻孔可采用大小孔相对的方式。玻璃弯加工后，其每米弦长内拱高的允许偏差为±3.0mm，且玻璃的曲边应顺滑一致；玻璃直边的弯曲度，拱形时不应超过0.5%，波形时不应超过0.3%。

玻璃幕墙采用夹层玻璃时，其尺寸允许偏差应符合表3-28的要求。

表3-28 玻璃幕墙采用夹层玻璃时尺寸允许偏差要求 单位：mm

项目		允许偏差
边长	$L\leq 2000$	±1.5
	$L>2000$	±2.0
对角线差	$L\leq 2000$	≤2.0
	$L>2000$	≤3.0

续表

项目		允许偏差
叠差	$L<1000$	±1.5
	$1000\leqslant L<2000$	±2.5
	$2000\leqslant L<4000$	±3.0
	$L\geqslant4000$	±4.0

注：L 为长度、宽度。

3.7.4　全玻璃幕墙加工

玻璃边缘应倒棱并细磨，外露玻璃的边缘应精磨。采用钻孔安装时，孔边缘应进行倒角处理，不能出现崩边现象。

3.7.5　点支承玻璃加工

玻璃切角、钻孔、磨边应在钢化前进行。玻璃面板及其孔洞边缘均应倒棱和磨边，倒棱宽度不宜小于1mm，磨边宜细磨。

点支承玻璃加工允许偏差应符合表3-29的规定。

表3-29　点支承玻璃加工允许偏差要求　单位：mm

项目	边长尺寸	对角线差	钻孔位置	孔距	孔轴与玻璃平面垂直度
允许偏差	±1.5	≤1.5	±1.0	±1.5	±10°

玻璃幕墙要求具有防水渗漏、保温隔热、隔声等功能，要求其所采用的密封材料（密封胶）具有优异的性能。

▲ 幕墙玻璃打胶

第4章

幕墙用密封材料

学习难度： ★★★☆☆

重点概念： 密封胶、岩棉、矿渣棉、玻璃棉

章节导读： 在玻璃幕墙安装过程中，必须采用密封材料，原因在于钢化玻璃是一种不可被撞击、弯折、焊接、锯切的材料。此外，玻璃幕墙作为建筑物的外部围护，需要承受自身荷载、风荷载、地震荷载、温度变化等所引起的作用力。本章列出建筑玻璃幕墙中使用的各种密封材料，并讲解这些材料的特性与使用方法。

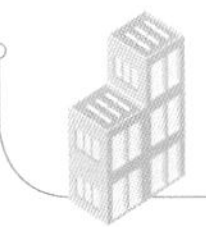

4.1 密封材料

密封材料（常俗称或简称为密封胶）是指能够随密封面形状而变形，不易流淌，有一定黏结效果的材料；同时，其能够被用于填充构造间隙。一般的建筑密封材料具有防泄漏、防水、防振动、隔声、隔热等作用，幕墙用密封材料也不例外。

4.1.1 硅酮耐候胶

硅酮耐候胶（即耐候硅酮结构密封胶，有时常简称为耐候胶）能够适应由于温度变化而导致的伸缩、变形，接缝两侧的构造不会产生挤压或开裂，能够防止雨水渗透至室内。硅酮耐候胶主要用于幕墙玻璃之间的缝隙，同时也可用于幕墙装饰面、结构面与金属框架之间的密封。

玻璃幕墙用硅酮耐候胶必须是单组分中性胶。该胶能够与空气中水分发生反应，逐步变硬，因此在储存过程中应当避免与水接触，但该胶固化后的耐阳光、雨水、冰雪、臭氧、高低温变化等性能较好。

▲ 中性硅酮耐候胶

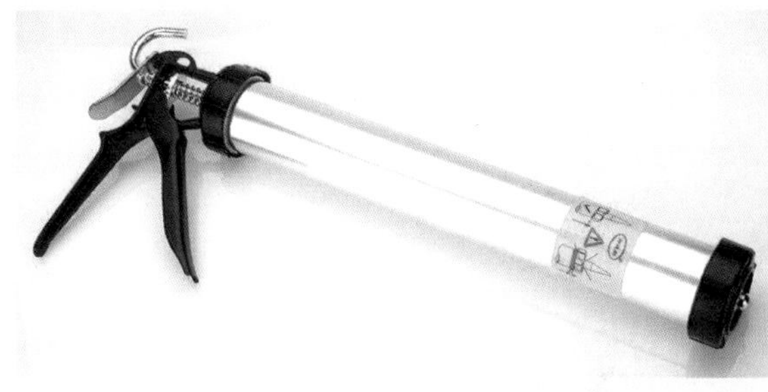

使用硅酮耐候胶时，先按扣打胶枪后端的拇指扣环，将钢丝勾拉到位；再将胶包装的头端剪开，放入打胶枪中，剪开口向前，最后放松大拇指扣环，挤压扳机，枪口即可出胶。

▲ 手动打胶枪

硅酮耐候胶有多种颜色，浅色胶耐紫外线性能较弱，适用于室内工程；建筑玻璃幕墙嵌缝时宜采用深色胶。根据《玻璃幕墙工程技术规范》（JGJ 102—2003），硅酮耐候胶的性能参见表4-1的部分技术指标。

表4-1　硅酮耐候胶的部分性能

项目	技术指标
表干时间/h	1～2
流淌性	无流淌
初固时间（25℃）/d	3
完全固化时间/d	10～15
邵氏硬度	25～30
极限拉伸强度/MPa	0.12～0.15
固化后的变位承受能力（$\delta_{拉伸}$）	25%≤$\delta_{拉伸}$≤50%
产品有效期/月	12～18
施工温度/℃	5～45

★补充要点★

硅酮耐候胶选用注意事项

1. 两种不同品牌和标号的胶不得相互替代使用，尤其不得将结构胶作为耐候胶使用；用于玻璃幕墙的硅酮耐候胶必须采用中性胶，且在有效期内使用。

2. 硅酮耐候胶必须有合格证和性能检测报告，使用前应当进行性能检测；除了进行各种性能检测以外，还应进行接触材料相容性试验，不能与接触材料产生化学反应。

4.1.2　其他密封胶

（1）防火密封胶

一般用于墙面防火层缝隙的密封材料，也可以用于有防火要求的玻璃幕墙之间的缝隙处。

（2）丁基热熔密封胶和聚硫密封胶

丁基热熔密封胶用于中空玻璃的第一道密封时，应符合《中空玻璃用丁基热熔密封胶》（JC/T 914—2014）的规定。聚硫密封胶（常称为聚硫胶）可用于中空玻璃的第二道密封。

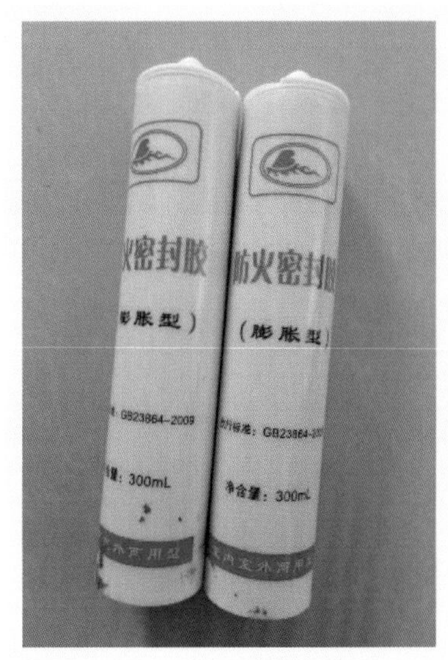

防火密封胶用于建筑物中的接缝处或孔洞的密封，能够阻止液体、气体、固体透过，防止结构材料在位移时被破坏，从而起到保温、隔声、防水、防尘、防火、减振和防止接缝聚积异物等功能。

▲ 防火密封胶

丁基热熔密封胶具有优异的抗紫外线功能，对水蒸气的阻隔效果较好，对玻璃与金属有良好的黏结强度。

▲ 丁基热熔密封胶

聚硫密封胶属于油性密封胶，具有优良的耐热、耐老化、耐燃油、耐液压油、耐水以及耐各种化学药品等性能。

▲ 聚硫密封胶

（3）氯丁密封胶

玻璃幕墙用氯丁密封胶的部分性能要求见表4-2。

表4-2 玻璃幕墙用氯丁密封胶的部分性能要求

项目	技术指标
稠度	不流淌，不塌陷
含固量/%	≥72
表干时间/min	≤20
固化时间/h	≤12
耐寒性（–45℃）	不龟裂
耐热性（95℃）	不龟裂
低温柔性（–50℃）	无裂缝
剪切强度/MPa	0.15
施工温度/℃	－10～45
施工性	采用手工注胶机，不流淌
有效期/月	12～18

（4）橡胶密封条

玻璃幕墙的橡胶制品多采用三元乙丙橡胶、氯丁橡胶以及硅橡胶。明框玻璃幕墙主要采用橡胶密封条，依靠橡胶自身弹性在槽内起密封作用，胶条具有耐紫外线、耐老化、永久变形小、耐污染等特性。目前，硅酮耐候胶开始逐渐替代橡胶密封条。但是，在可开启的玻璃幕墙门窗扇应用时仍会使用橡胶密封条。

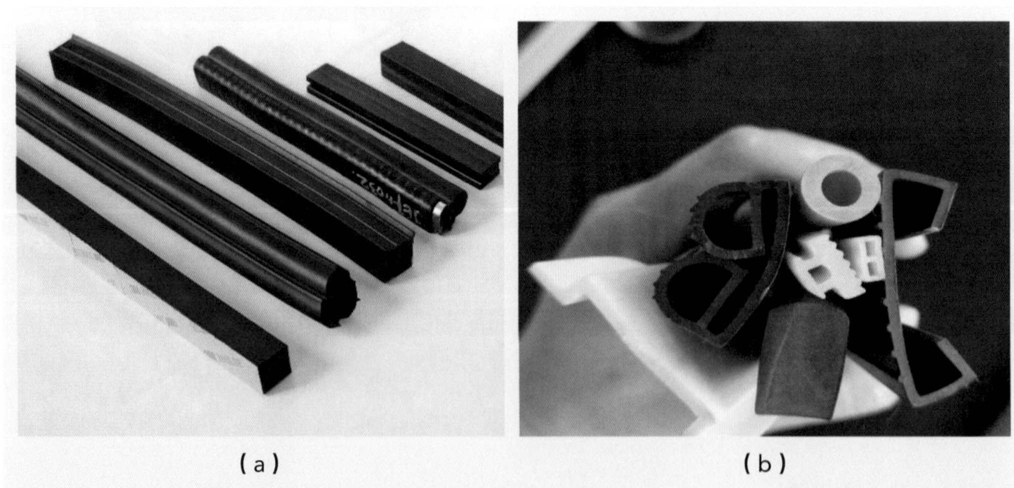

（a）　　（b）

使用橡胶密封条时要保证质量。如果采用劣质胶条，易发生材料老化、开裂等问题，不仅使幕墙产生漏水、透气现象，玻璃还有脱落的危险。

▲ 玻璃幕墙用橡胶密封条

（5）低发泡双面胶带

低发泡双面胶带主要有聚氨基甲酸酯（简称聚氨酯，PU）双面胶带和聚乙烯（PE）树脂发泡双面胶带两种。

▲ 聚氨基甲酸酯低发泡间隔双面胶带

▲ 聚乙烯树脂发泡双面胶带

当玻璃幕墙风荷载大于2kN/m^{2}时，应当选用中等硬度的聚氨基甲酸酯双面胶带，部分技术指标参见表4-3。

表4-3 聚氨基甲酸酯双面胶带的部分技术指标

项目	技术指标
密度/（g/cm^3）	0.42
邵氏硬度	35～38
拉伸强度/MPa	0.98
延伸率/%	120～130
承受压应力（压缩率10%）/MPa	0.15
动态拉伸黏结性（停留15min）/MPa	0.45
静态拉伸黏结性（2000h）/MPa	0.02
动态剪切强度（停留15min）/MPa	0.35
隔热值/[W/（m^2·K）]	0.65
抗紫外线（300W，250～300mm，4000h）	颜色不变
烤漆耐污染性（75℃，250h）	无

当玻璃幕墙风荷载小于等于20kN/m^{2}时，宜选用聚乙烯低发泡间隔双面胶带，其部分技术指标见表4-4。

表4-4 聚乙烯低发泡间隔双面胶带的部分技术指标

项目	技术指标
密度/（g/cm^3）	0.25
邵氏硬度	35
拉伸强度/MPa	0.92
延伸率/%	130
承受压应力（压缩率10%）/MPa	0.25
剥离强度/MPa	30
剪切强度（停留24h）/MPa	40
隔热值/[W/（m^2·K）]	0.55
使用温度/℃	－40～80
施工温度/℃	5～48

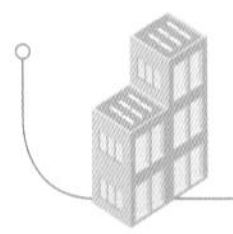

4.2 硅酮结构密封胶

硅酮结构密封胶（有时简称为硅酮结构胶或结构胶）与硅酮耐候胶的性能比较相似，但是两者不能够相互代用。硅酮耐候胶主要强调耐大气变化、耐紫外线、耐老化性能，硅酮结构密封胶则主要强调延性和黏结性能。

4.2.1 硅酮结构密封胶

玻璃幕墙中所采用的硅酮结构密封胶能够承受玻璃的自重荷载，并将力传递到铝合金框架结构中。因此，硅酮结构密封胶具有更强的承压能力。

硅酮结构密封胶的质量会影响到整个玻璃幕墙结构的安全性，同时与玻璃幕墙的节能环保要求相关。

▲ 硅酮结构密封胶

幕墙注胶施工前，应先将注胶部位的表面清洁干净，安放好密封条；再注入密封胶，注胶时要饱满且不能有空隙或气泡。

▲ 高空注胶作业

玻璃幕墙采用硅酮结构密封胶的主要部位为：玻璃与铝合金框之间；玻璃面板与玻璃肋之间等。

通常硅酮结构密封胶在风荷载或水平地震作用下的强度值为0.25MPa，在永久荷载作用下的强度值为0.02MPa；而且在永久荷载作用下，胶缝会有很大变形。因此，对承受永久荷载的缝隙处，应当增加支托或金属连接件。

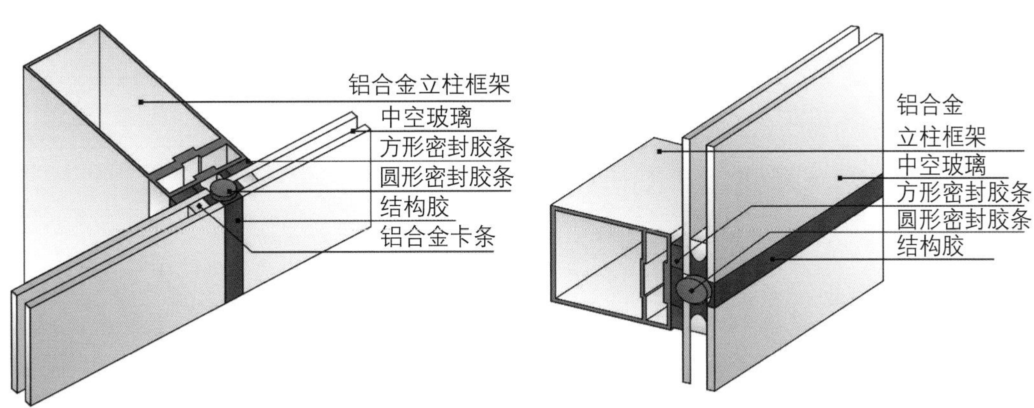

（a）玻璃与立柱的连接部位　（b）玻璃与横梁的连接部位

隐形玻璃幕墙是将玻璃用硅酮结构密封胶（图中简称结构胶）粘接在铝合金框上，不必再增加金属连接件；硅酮结构密封胶能够承受玻璃自重、风载荷、地震荷载、温度差异等环境的变化。

▲ 隐形玻璃幕墙的硅酮结构密封胶使用部位

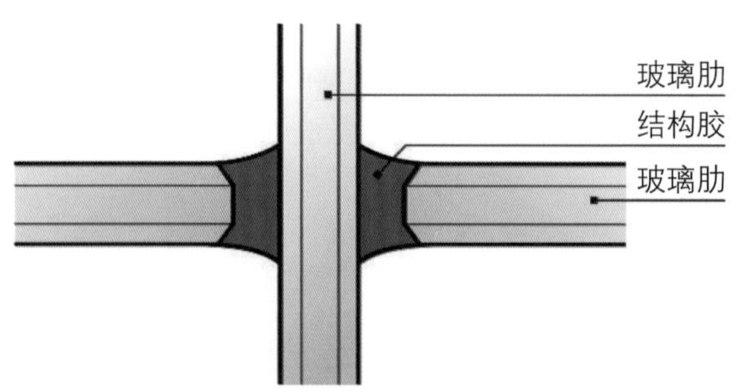

玻璃肋也称抗风条，是全玻璃幕墙特有的附件，其与玻璃面板之间采用硅酮结构密封胶连接。

▲ 全玻璃幕墙的硅酮结构密封胶使用部位

硅酮结构密封胶的部分性能应满足表4-5的技术指标。

表4-5　硅酮结构密封胶的部分性能

项目	技术指标
有效期/月	9个月（单组分）；＞12个月（双组分）
使用温度/℃	－35～75
施工温度/℃	5～45
操作时间/min	≤30
表干时间/h	≤3
初固时间（25℃）/d	5
完全固化时间/d	15～18
邵氏硬度	35～40
伸长率（哑铃型）/%	≥98
粘接破坏（H型试件）	不允许
母材破坏率（内聚力）/%	98
抗臭氧及紫外线拉伸强度	不变
污染和变色	无污染，无变色
耐热性/℃	170
热失重/%	≤10

续表

项目	技术指标
流淌性/mm	≤2.5
冷变形（蠕变）	不明显
外观	无龟裂，无变色
完全固化后的变位承受能力（$\delta_{拉伸}$）	11.2%≤$\delta_{拉伸}$≤40%

硅酮结构密封胶施工宽度与厚度要求：

硅酮结构密封胶粘接厚度为6～12mm，宽度不小于6mm。

4.2.2 单组分与双组分硅酮结构密封胶

硅酮结构密封胶分为单组分和双组分两种。单组分硅酮结构密封胶又有酸性密封胶和中性密封胶两种。酸性密封胶对金属有腐蚀作用，而中性密封胶几乎无腐蚀作用。因此，玻璃幕墙一般选用单组分中性硅酮结构密封胶。

双组分硅酮结构密封胶的性能除个别项目与单组分结构胶有差别外，主要性能相差无几。使用时应根据功能要求、使用场所及价格等因素进行合理选择。单、双组分硅酮结构密封胶的特性比较见表4-6。

表4-6 单、双组分硅酮结构密封胶的特性比较

硅酮结构密封胶	单组分硅酮结构密封胶	双组分硅酮结构密封胶
图样		

续表

硅酮结构密封胶	单组分硅酮结构密封胶	双组分硅酮结构密封胶
特点	按配方与工艺条件生产，性能稳定、可靠	在现场配合、搅拌，配合比例、混合均匀程度需精心控制
	施工方便	需采用专用调胶机在装备完善的专用车间里注胶，设备与厂房投资大
	浪费少，对用胶量计算准确	浪费大，如果施工中断时间超过10min，会造成浪费
	采用手工涂胶枪挤胶，压力较小，胶缝不易密实，易生空缝	用高压气流挤胶，排气不充分，易生气泡
特点	靠吸收空气中水分由表及里固化，固化时间长；如果环境温度、湿度低，固化时间会延长	在固化剂作用下，内、外层同时固化，固化时间短

硅酮结构密封胶的固化原理

1. 单组分硅酮结构密封胶通过吸收空气中水分而产生固化，要求周围环境温度不低于20℃，相对湿度不低于75%；否则，会影响固化速度，甚至不能够完全固化，影响胶缝强度。

2. 双组分硅酮结构密封胶包装形态为基础胶与固化剂。在施工前，要用调胶机按比例均匀混合，基础胶和固化剂接触后产生固化。

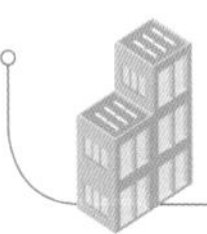

4.3 隔热填充材料

玻璃幕墙所使用的隔热填充材料种类较多，下面介绍几种常见产品。

4.3.1 聚乙烯泡沫填充材料

聚乙烯泡沫填充材料密度应不大于32kg/m^3，具有良好的稳定性、弹性、透气性、防水性、耐酸碱性、抗老化性等。

聚乙烯泡沫棒是一种防水、绝热材料，主要用于混凝土伸缩缝的填充与防水，质地柔软、富有弹性、可着颜色，而且防振动、可密封、耐冲压、易于黏结，具有独特的优越性，可复原，无吸水性。

▲ 聚乙烯泡沫棒

聚乙烯泡沫板是一种新型的止水接缝材料，其密度小、表面吸水率低，具有良好的防水性能，且耐酸碱腐蚀性强，低温不脆裂，应用广泛。

▲ 聚乙烯泡沫板

玻璃幕墙用聚乙烯发泡填充材料部分性能见表4-7。

表4-7　玻璃幕墙用聚乙烯发泡填充材料部分性能

项目	技术指标		
直径/mm	10	30	50
拉伸强度/MPa	0.30	0.40	0.50
延伸率/%	46.8	58.2	68.2
压缩后变形率（纵向）/%	5.2	4.5	2.6
压缩后恢复率（纵向）/%	4.5	3.8	3.2
永久压缩变形率/%	3.0	3.5	3.6
纵向变形率（25%压缩）/%	0.75	0.85	1.12
纵向变形率（50%压缩）/%	1.35	1.48	1.68
纵向变形率（75%压缩）/%	3.25	3.55	3.95

4.3.2 保温、隔热材料

玻璃幕墙的保温、隔热材料一般采用岩棉、矿渣棉、玻璃棉、防火板等不燃性或难燃性材料。

（a）　　　　（b）

幕墙保温隔热材料不仅应用于幕墙与结构楼板之间贴附于墙面上作为保温隔热与降噪层，以减少热量损失，达到节能与防火的效果；还可应用于幕墙与隔墙之间缝隙的防火封堵，起到阻隔烟火与密封的作用，从而形成防火屏障，提高建筑物的整体防火性能。

▲ 幕墙保温隔热材料施工

4.3.2.1 岩棉、矿渣棉

岩棉、矿渣棉是目前使用量最大的无机纤维保温隔热材料，原料丰富，价格低廉，保温隔热效果好，施工方便。岩棉、矿渣棉应符合国家标准《绝热用岩棉、矿渣棉及其制品》（GB/T 11835—2016）。

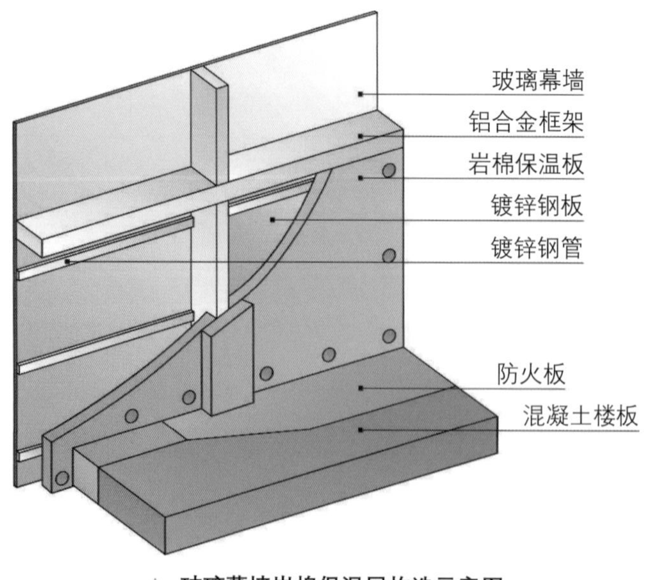

幕墙用岩棉板主要应用于幕墙与楼板、隔墙之间的缝隙中，或阻隔烟火与密封区域，能够形成较强的防火屏障。此外，其还能够用于幕墙中的保温隔热层，以减少建筑室内的热量损失。

▲ 玻璃幕墙岩棉保温层构造示意图

（1）生产工艺。岩棉是以玄武岩、辉绿岩及其他天然矿石等为原料，矿渣棉是以工业废料（矿渣和石灰石）为主要原料，都是采用离心法或喷吹法工艺生产的。主要生产过程如下：将原料按一定比例装入炉中，经过1380～1400℃的高温（岩棉温度为1520℃），使原料熔融，熔融后的料液由出料口均匀、连续地落在离心机的旋转辊上，在巨大离心力的作用下被抛成直径小于7μm的纤维；同时，将雾状的防尘油和酚醛树脂喷于纤维上，以达到软化的效果。最后，使纤维沉降于集棉室中，将纤维均匀地分布在传送带上输出。

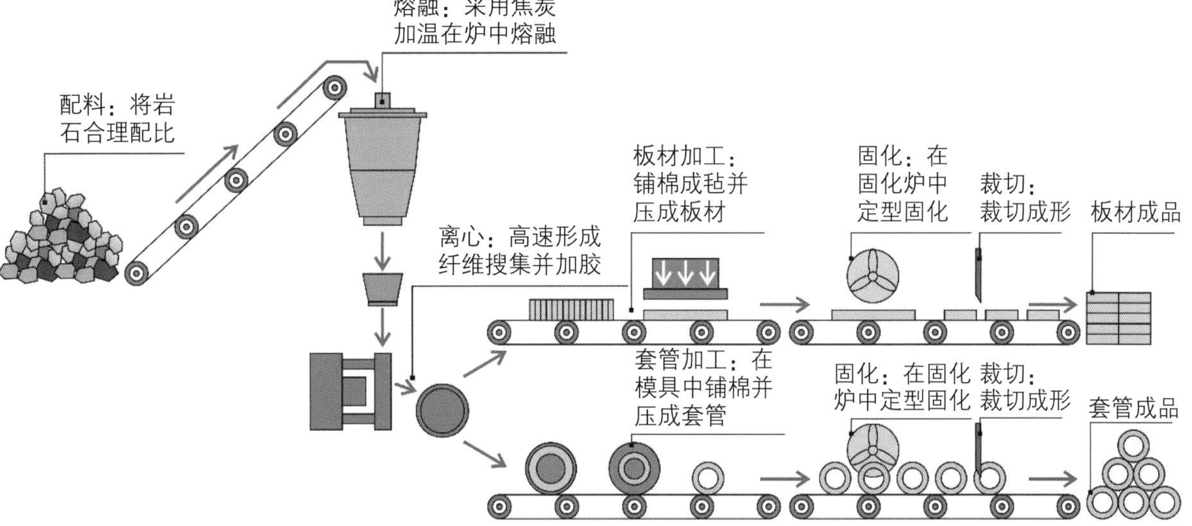

岩棉要求具有一定的强度和抗拉力，可以增加岩棉的密度以达到强度要求。此外，还可适当增加胶量。采用玄武岩生产的岩棉质量最好，纤维细且热导率和抗拉强度均佳。

▲ 岩棉的生产示意图

岩棉、矿渣棉的生产方法可分为吹制法、离心法及离心吹制法三大类，它们的生产方法和特点，见表4-8。

表4-8 岩棉、矿渣棉的生产方法和特点

基本方法	工艺名称	纤维制造主要原理	优势	劣势
吹制法	平吹法	高速气流将原料吹散并将其拉长成纤维	产量大，能耗低	纤维粗，杂质和渣球含量大，产品质量差
	立吹法	原理同平吹法，高速气流喷射方向与平吹法垂直	产量大，质量好	能耗较高

续表

基本方法	工艺名称	纤维制造主要原理	优势	劣势
离心法	盘式离心法	原料流入高速旋转的圆盘上，在离心力的作用下，熔体被分散并制成纤维	纤维长，杂质含量少	产量小，难以制取优质细纤维
	多辊离心法	原料流入离心机上分散，并在离心力的作用下变成纤维	产量大，质量好，能耗低	设备复杂，技术要求高
离心吹制法	单盘离心吹制法	原料流入斜面旋转的碗式盘面上，高速旋转时熔体被离心力分散后，喷嘴中的高速气流将其喷制成纤维	产量大，能耗小	制品纤维短，非纤维杂质含量多，质量较差
	多辊离心吹制法	在多辊离心机的辊子周围设置一个环形高速喷嘴，原料被离心力制成纤维后，在尚未固化之前再次被气流拉伸、拉细	产量大，能制长细纤维，杂质少，能够生产高质量纤维制品	设备复杂，能耗大

（2）品种与规格。岩棉与矿渣棉的产品状态可分为板、带、毡、管壳等。几种常见岩棉、矿渣棉制品的尺寸规格见表4-9。

表4-9　几种常见岩棉、矿渣棉及其制品的尺寸规格　　单位：mm

品种名称	图样	长度	宽度	厚度
板		900、1000、1200、2400	600、900、1200	20～120
带		1200、1600、2400	50、60、80、90、120、150、200	30、50、75、100、150

续表

品种名称	图样	长度	宽度	厚度
毡		2400、3000、4000、5000、6000	600、900、1100、1200	50、60、80
管壳		900、1100、1200	管壁厚度为30、40时，内径为50～90；厚度为50、60、80、100时，内径为100～300	

（3）性能要求。岩棉与矿渣棉在形态与性能方面没有太大区别。岩棉的物理和化学性能比矿渣棉稍好，但这两种材料都能够用于玻璃幕墙保温、隔热。

4.3.2.2 玻璃棉

玻璃棉的产量仅次于岩棉、矿渣棉，它是一种无机纤维类保温、隔热、吸声材料。玻璃棉原料丰富，价格低，保温、隔声效果好，施工简便。

（1）生产工艺。玻璃棉是以硅砂、石灰石、白云石为主要原料，采用离心喷吹法生产的，主要生产过程如下。将原料投入池窑中熔化，熔融后的玻璃液经离心机高速旋转后，将玻璃液均匀抛出，在高温、高速燃气流作用下，被进一步牵伸成直径为5～7μm的玻璃棉纤维；同时，在纤维上喷覆水溶性热固性酚醛树脂，并在集棉室负压作用下，使玻璃纤维均匀分布在传送带上输出。玻璃棉具有阻燃、无毒、耐腐蚀、密度小、热导率小、化学稳定性强、吸湿率低等诸多优点。

（2）品种与规格。玻璃棉可直接作为填充材料应用于各种保温和吸声构造中，也可以将其进一步加工成各种形状的制品。玻璃棉按其形态可分为板、带、毯、毡、管壳等。

玻璃棉及其制品所采用的纤维平均直径见表4-10。

表4-10 玻璃棉及其制品所采用的纤维平均直径 单位：μm

品种名称	平均直径
1号	≤5.0

续表

品种名称	平均直径
2号	≤8.0
3号	≤13

几种常见玻璃棉及其制品的尺寸规格见表4-11。

表4-11　几种常见玻璃棉及其制品的尺寸规格　　单位：mm

品种名称	图样	长度	宽度（内径）	厚度
玻璃棉板		1200、2400	600、1200	12、15、20、25、40、50
玻璃棉带		1800、2400	60、80、100、120	25
玻璃棉毯		1000、1200、2500、5500	1200、1500	25、40、50、75、100

续表

品种名称	图样	长度	宽度（内径）	厚度
玻璃棉毡		1000、1200、2800、5500、7500、11000	600、900、1200	25、40、50、75、100
玻璃棉管壳		1000、1200、1500	内径：25、40、40、55、90、110、130、160、190、220、245、270、320	壁厚：20、25、30、40、50

（3）性能要求。玻璃棉是无机纤维类保温、隔热、吸声材料，具有密度小、热导率小及不燃和吸声效果好等特点。玻璃棉的弹性和柔软性较好，适合于各种形状幕墙的保温、隔热和填充材料。玻璃棉的物理性能要求见表4-12。

表4-12 玻璃棉的物理性能要求

品种名称	热导率（平均温度70±5℃）/[W/（m·K）]	最高使用温度/℃
1号	0.040（40）	450
2号	0.045（50）	
3号	0.050（70）	

注：表中圆括号内列出的数据是试验密度，以 kg/m^3 表示。

▲ 上海浦东标志性建筑：东方明珠电视塔、金茂大厦、环球金融中心

第5章 玻璃幕墙性能与设计

学习难度： ★★★★☆

重点概念： 物理性能、组成、结构设计

章节导读： 玻璃幕墙设计不仅要将建筑学与美学结合起来，而且还要将玻璃幕墙的多种功能体现出来，如通透性等。玻璃幕墙的支承构件应当细致、光滑，强调技术与艺术相结合，以适应各种造型设计要求，还应在建筑体型上产生多种变化，充分发挥设计师的想象力与创造力。

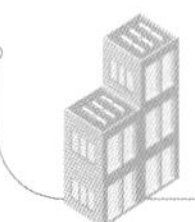

5.1 玻璃幕墙的物理性能

▶ 微信扫码 ◀

大面积采用玻璃幕墙是现代建筑的流行趋势。虽然玻璃幕墙不承受建筑主体结构荷载，但是玻璃幕墙是建筑外围结构的扩展，玻璃幕墙除了要承受自重外，还要承受其他作用影响，如风力、雨水、氧化等。因此，玻璃幕墙应当具有优良的采光、隔声、气密、水密、抗风压变形等性能。

5.1.1 基本概念

玻璃幕墙应具有承受建筑外力的能力。玻璃幕墙物理性能主要包括采光与光学性能、抗风压性能、水密性能、气密性能、热工性能、空气隔声性能、耐冲击性能等。

5.1.2 采光性能

设计玻璃幕墙时，应当考虑到日照与采光问题，使室内有足够日照，在工作场所有足够采光。但是，过度的日照与采光对人体健康不利，因此要进行控制。

（a）休息走廊

（b）办公区

（c）洽谈间

（d）餐厅

自然光的特性是它会随地理位置、季节、天气的变化产生变化，了解自然光特性是进行玻璃幕墙光学设计的基础。休息走廊与办公区对自然光要求不高，通常获得一天中的均衡光照即可。洽谈间、餐厅对自然光的要求较高，要求在短期内能获得充裕的采光，提升会议洽谈、午餐的采光舒适感。

▲ 玻璃幕墙采光设计

为了提升建筑采光效果，除应掌握自然光的特性和其变化规律之外，还应根据当地的气候特征信息进行采光设计。

此外，还应掌握与玻璃幕墙采光设计有关的，包括玻璃幕墙光热性能及其术语和定义、玻璃幕墙光热性能分级、玻璃幕墙光热性能指标、常见幕墙玻璃的性能参数、光反射分析用典型日等重要信息，具体请参见《玻璃幕墙光热性能》（GB/T 18091—2015）。

城市玻璃幕墙光污染与日俱增，光污染不仅是环境问题，而且还与人的健康和生活息息相关，容易引发交通事故。因此，设计玻璃幕墙时不仅要了解光污染的危害，更要采取积极的防治措施。

▲ 玻璃幕墙反光污染

5.1.2.1 光污染

光污染是指超量的光辐射，主要是指紫外线与红外线辐射对人体造成的不良影响。光辐射污染最常见的方式是眩光，当玻璃幕墙材料亮度过高或对比过强时就会产生眩光，反射到人眼中会使人的视力下降，导致工作效率低下并加速视觉疲劳。

镜面建筑物玻璃的反射光往往比阳光照射更强烈，其反射率有时高达85%～90%，光几乎全部被反射，对人们的生活造成不良影响。

针对玻璃幕墙建筑的光污染问题应高度重视，并采取相应措施。例如，随着我国《玻璃幕墙工程技术规范》（JGJ 102—2003）等法规的相继出台，建筑幕墙的光污染质量控制将有法可依。

光污染产生的条件主要是采用了大面积高反射率镀膜玻璃，在特定方向和时间下会发生偶然眩光。

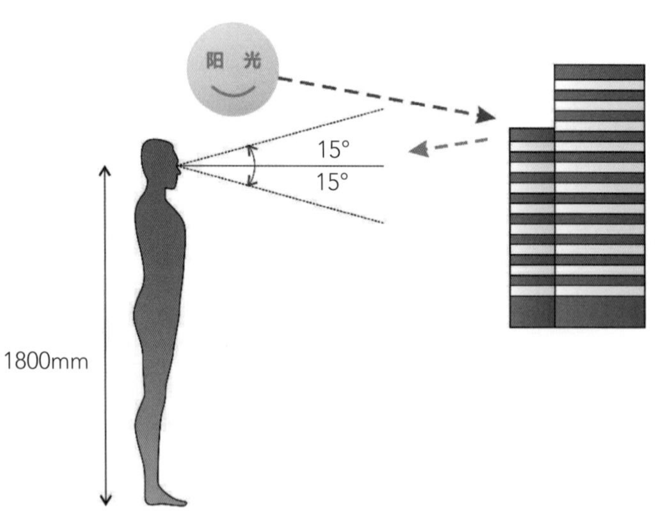

光污染的程度与玻璃幕墙的方向、位置、高度密切相关，以人视角1.8m高、±15°夹角内影响为最大，光反射强度与反射物到人眼距离的平方成反比。

▲ 人视角与玻璃幕墙反光的关系

5.1.2.2 采光设计原则

（a）鸟瞰全局

（b）室内

为了不让巨大的圆形空间昏暗，特别设计了4个硕大的“光庭”，在美术馆建筑中心部分的围墙完全采用玻璃幕墙。

传统美术馆空间被设计者重新定义，取而代之的是一种有秩序的立体结构，能均衡分配不同的美术作品展示。

进行建筑采光和透明设计时，室内空间被柔和的自然光包围。

（c）彩色玻璃幕墙外部

（d）彩色玻璃幕墙内部

玻璃建筑呈规则的旋涡状，幕墙玻璃采用色彩的三原色，即红色、黄色、蓝色，透过玻璃可以看到不同颜色的风景。

▲ 金泽21世纪美术馆/日本建筑师妹岛和世、西泽立卫

玻璃幕墙采光对建筑功能与艺术效果有直接影响，光照条件的优劣会对人的视力和人们的生产、生活造成影响。在进行玻璃幕墙的光学设计时，往往通过光与色的巧妙应用，获得独特的艺术效果。

（1）幕墙玻璃的选择。玻璃幕墙的玻璃类型必须根据玻璃性能参数加以选择，选用能减少眩光的玻璃。当玻璃幕墙采用热反射玻璃时，对周围环境也会造成影响。以北纬43°夏至日为例，晴天中午地面照度约为93500lx；热反射玻璃的反射系数不同，所反射的光照度也不同，光会随距离的平方进行衰减。《热反射玻璃》（JC 693—1998）曾对各系列玻璃反射系数进行过规定，反射系数最高为36% ± 3%，反射系数不超过26%。《玻璃幕墙光热性能》（GB/T 18091—2015）则规定玻璃反射系数不大于16%。

（2）日常生活中所需的最低照度值与视线高度参见表5-1。

表5-1　日常生活所需要的最低照度值与视线高度

环境	最低照度值/lx	视线高度
设计室	120	距地面0.8m水平面
阅览室	85	
办公室	55	
宿舍	35	
路灯	25	地面

当照度在100lx以内时，基本上不会对人的视觉产生危害。

玻璃幕墙安装高度为30m时，基本上不会对人的视觉产生危害，对人的视觉产生危害的主要是安装高度为3m左右的幕墙玻璃。对于安装高度10m以上的幕墙玻璃，可以通过控制玻璃反射率来减少视觉危害。

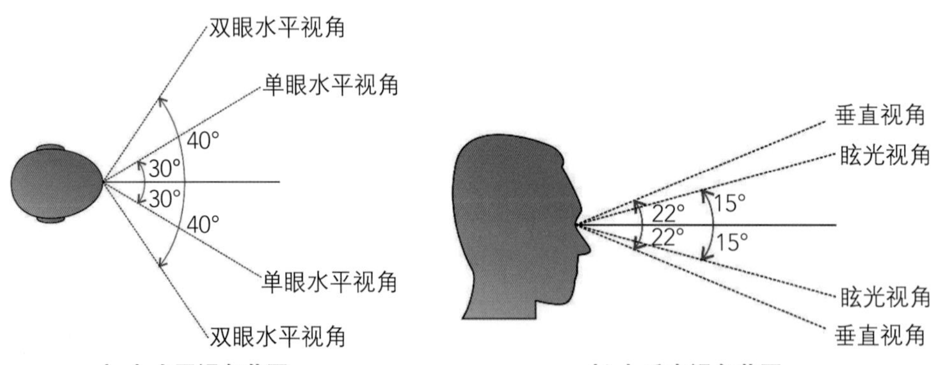

（a）水平视角范围　　（b）垂直视角范围

玻璃幕墙的眩光，对汽车驾驶员有一定危害。通常人的垂直视角为22°，单眼水平视角为30°，双眼水平视角为40°。当玻璃幕墙反射光的眩光与视角相重合时，会影响驾驶员视线，危害交通安全。因此，位于十字形和T形交叉路口的玻璃幕墙，要避免产生高于驾驶员视角2m、≤15°的反光。

▲ 人眼视角与驾驶员视线示意

人们生活在充满阳光的世界里，当天空中高悬太阳时，幕墙玻璃会将入射阳光向外反射而产生眩光。玻璃幕墙产生的眩光，对人的眼睛具有一定影响并易造成眼部不适。当玻璃幕墙反射光的眩光与人眼视角相重合时，会影响驾驶员视线，危害交通安全。

即使太阳直射光比反射光强烈很多，人只要不长时间抬头仰视，太阳直射光相较反射光而言不会对人的视力造成危害。当太阳当顶，入射角接近零度或入射角较小时，也不会对人的视力造成危害。只有玻璃幕墙的反射太阳光处于人的视角内，且照度大于100lx时，才会对人产生危害。

★补充要点★

防眩玻璃能减少玻璃幕墙的光污染

防眩玻璃又称为无反射玻璃或减反射玻璃，其原理是将玻璃原片的单面或双面进行处理，在不影响透光的前提下，使光的反射率由9%降低至3%以下。

防眩玻璃的核心原理是减反射，可以通过改进玻璃的制作工艺来实现，其方法分别有防眩减反射与增透减反射。防眩减反射是降低玻璃表面的镜面效果，将直射而来的太阳光变为漫反射。增透减反射是减少入射光的全频谱反射，以提高玻璃的透射性而降低反射率。

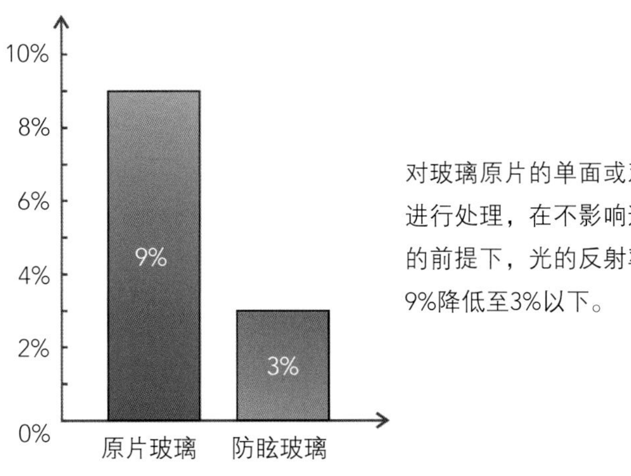

对玻璃原片的单面或双面进行处理，在不影响透光的前提下，光的反射率由9%降低至3%以下。

▲ 原片玻璃与防眩玻璃的反射率对比

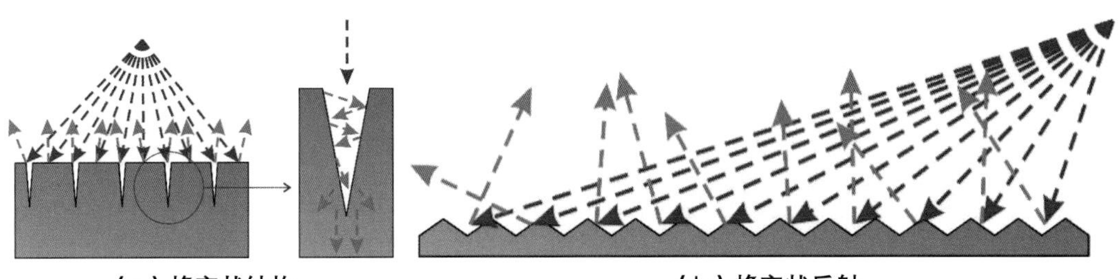

（a）蜂窝状结构　（b）蜂窝状反射

经过化学蚀刻的玻璃，表面会形成凹槽结构，将入射光线分割成无数个虚像点，从而提高透过率，使防眩玻璃降低反射并可提高透射率。

▲ 防眩玻璃漫反射原理

（3）常见的采光方式。使用玻璃能有效减少人工照明电能损耗，同时避免室内温度的升高。下面介绍几种常见的采光方式。

1）侧边照明。当建筑大面积采用玻璃幕墙时，由于阳光的入射角度固定，只有接近幕墙的部分区域能获得自然采光，且光线很强，而室内其他区域仍需要采用大量人工照明。因此，需要在幕墙设计、材料组合、构造设计等方面进行变化，改变光线分布，增加采光深度，提高自然采光的利用率。一般有以下几种方法。

① 改造吊顶。对室内吊顶进行重新设计，制作倾斜吊顶或在顶棚上开凹槽，能将更多室外光引入室内。

（a）倾斜玻璃幕墙

（b）倾斜吊顶

倾斜顶棚能极大提高室外光的透射率，有助于室内采光。但是，也会产生温室效应，并降低室内空间的使用率。

▲ **倾斜顶棚设计**

② 选择节能玻璃。选择Low-E玻璃能改变光的透射率，能够获得较好的控光节能效果。

③ 利用水平反光板。水平反光板能防止太阳在靠近玻璃处产生高强度光，设置反光板时要考虑玻璃性能、反光板颜色、顶棚材质等因素。

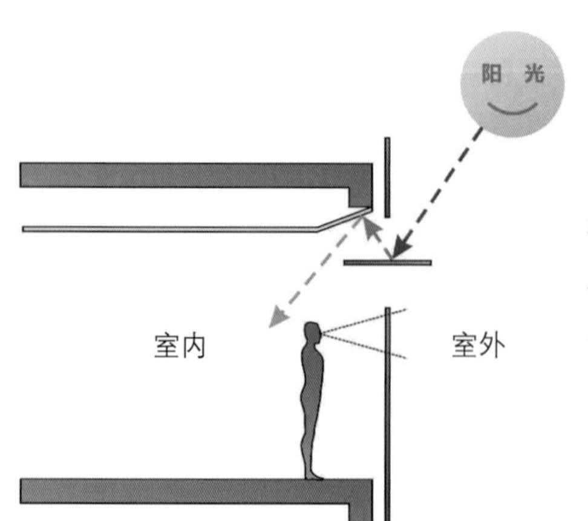

将反光板设置在室内，能有效利用自然光，减少进入室内的光辐射热量；反光板将光线反射到顶棚上，可起到灯具照明的效果。

▲ **反光板原理示意**

（a）水平式遮阳板　（b）垂直式遮阳板　（c）挡板式遮阳板

在室内反光板的基础上，设置梯形或倾斜的室外反光板，或安装室外遮阳装置。

▲ 遮阳装置

④ 利用好采光反射装置。采光反射装置比较复杂，成本也很高。搭配多轴电机跟踪系统，随着太阳位置变动，反射装置也随之转动，使直射光向固定方向反射，能在大多数时间和环境下集中日光照明。

⑤ 利用遮阳系统。遮阳系统可以调节室外光的入射量，可通过遮阳叶片的反射功能来控制、调节光线方向，将自然光传递到距幕墙较远的室内区域，以增大室外光的照明深度，改善室内光的照明分布状况。

⑥ 利用智能控制系统。智能控制系统可以探测到建筑室内外温度变化、光线强弱变化、太阳高度变化等，可以及时根据预置程序，自动调整玻璃幕墙的采光与温湿度。

（a）　（b）　（c）

该建筑的南立面排列了近百个如同照相机光圈般的几何窗格，玻璃窗格之后是金属构件；光透过窗格洒在地上形成了几何形且精确、波动旋转的深浅阴影，通过内部机械驱动光圈开关，可以根据天气变化来调节进入室内的光线量。

▲ 法国巴黎阿拉伯世界文化中心的智能采光

2）顶部照明。在顶棚上开孔可以使采光照明增加，顶部采光的有效性会明显高于侧面采光。

① 可调节的棱镜系统。将直射光反射至建筑外部，同时将散射光调节到适宜方向，经过优化的反射栅格能确保任何时间都有光辐射作用。

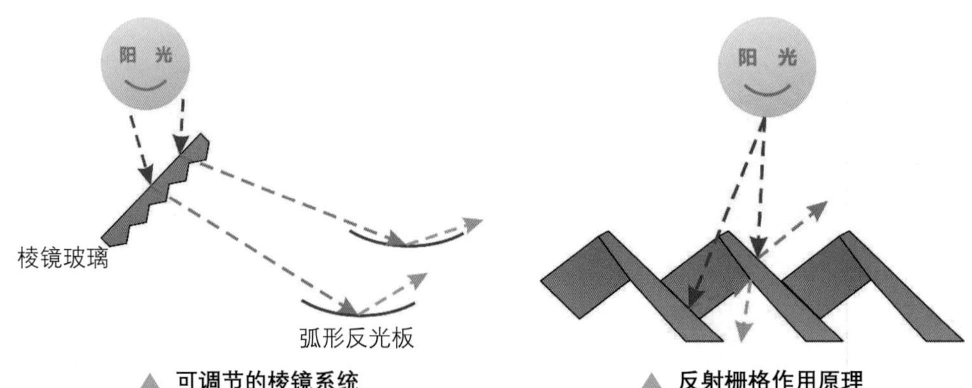

▲ 可调节的棱镜系统　　▲ 反射栅格作用原理

（a）建筑鸟瞰

（b）建筑室内

（c）光反射格栅

设计者将工程塑料材质的表面涂有纯铝反射层的格栅装配在屋顶双层玻璃之间，通过反射、折射使来自北方的漫射光进入建筑，而将南方的直射光屏蔽掉，这样就能避免出现夏季室内温度过高的情况。

▲ 德国林茨会议展览中心

② 单轴导向系统。单轴导向系统安装在建筑外层墙体、屋顶等较大面积的天窗上，由计算机控制，通过电动机驱动，可绕水平轴旋转，跟踪太阳入射角度，起到屏蔽或调节阳光的作用。

（a）室内侧　　（b）室外侧

这是放置在倾斜玻璃屋顶上的单轴跟踪天窗系统，主要用作日光控制构件和散射。

▲ 单轴跟踪天窗系统

3）设计中庭照明。中庭是指建筑内部的庭院空间。可在中庭采用玻璃，使进深较大的建筑获得天然采光，这种形式在办公、商业建筑中使用较多。中庭照明能有效解决多层大型建筑的天然采光问题，从而降低照明能耗，创造舒适的室内环境。中庭照明对自然光的利用有两种形式：一种是自然光通过顶部玻璃直接照射到中庭底层；另一种是中庭上部玻璃构造装置充分吸收自然光后，再将其反射、折射到建筑中庭底部。

（a）室外侧

（b）室内侧

该建筑由铺满玻璃镜的倒置圆锥体支承，透明的圆形穹顶能将进入室内的自然光漫射到下面的议会大厅。

▲ 德国柏林国会大厦穹顶

中庭采光可以利用光线在中庭内部界面反射形成的二次或三次漫反射以达到照明的效果。固定或活动的遮阳装置可以达到不同的光影空间效果。屋顶遮阳装置应当结合采光与导光系统进行设计，使其既能遮阳，又不影响采光。中庭设计的主要形式如下。

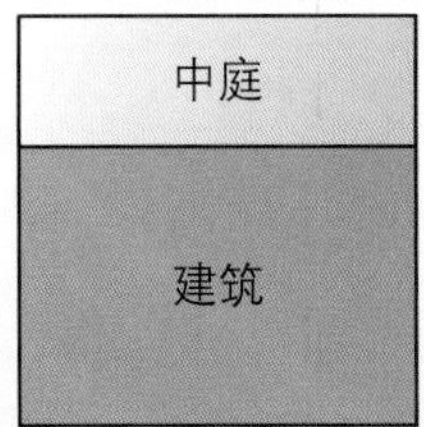

建筑与中庭之间有公共面，因此与纯玻璃幕墙建筑相比，它具有更强的蓄热能力。

▲ 组合式中庭

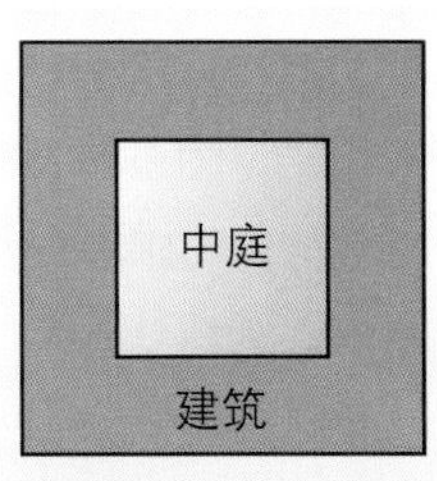

中庭屋顶仅为建筑外轮廓的一部分，室内温度由包围中庭的墙体所决定，这些墙体将周围空间与中庭隔开。

▲ 核心中庭

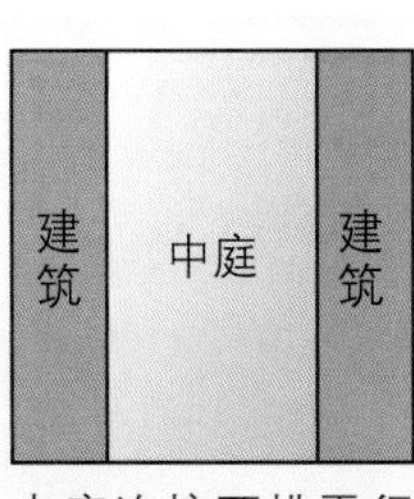

中庭连接两排平行的建筑，中庭的顶部由玻璃幕墙组成，它能在两排平行的建筑中间产生温和的气候。

▲ 线性中庭

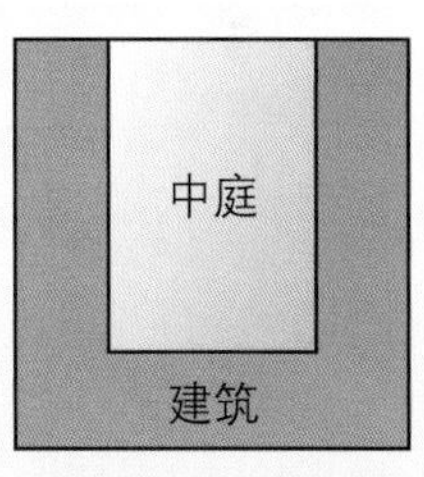

中庭的一面墙是整个建筑结构的外墙，能将外部光照吸收后折射到建筑内凹的三面墙上。

▲ 嵌入式中庭

（4）玻璃幕墙的设计要求。玻璃幕墙的设计不仅要满足采光、保温、隔热要求，还要符合相关光学性能的要求。城市玻璃幕墙设计条件与性能要求参见表5-2。

表5-2 城市玻璃幕墙设计条件与性能要求

设计条件	性能要求
光学性能	1.玻璃幕墙能提供可见光的透射、反射，提供紫外线的透射、颜色透视 2.玻璃幕墙透光折减系数不低于0.25，反射比不大于0.35 3.玻璃幕墙的组装与安装应保持平直度，减少玻璃幕墙畸变
设计要求	1.在城市主干道、立交桥、高架桥两侧的建筑物20m以下，其余路段10m以下，不宜设置玻璃幕墙；如果使用玻璃幕墙，应采用反射比不大于0.18的低反射玻璃；如果反射比高于此值，应控制玻璃幕墙的面积，或采用其他材料局部替换玻璃幕墙 2.历史文化名城、风景名胜区应慎用玻璃幕墙，居住区内应限制使用玻璃幕墙，在T形路口、十字路口或多交叉路口不宜设置玻璃幕墙 3.道路两侧的玻璃幕墙设计成凹形弧面时，应避免反射光进入行人与驾驶员的视线内；凹形弧面玻璃幕墙设计应控制反射光聚焦点的位置，避免产生聚焦高温，引发火灾 4.南北向玻璃幕墙应设计相应倾斜角度，避免反射光进入行人与驾驶员的视线内，向后与垂直面的倾角应大于$H/2$（H为当地夏至正午时的太阳高度角）。当幕墙离地高度大于36m时，可不受此限制

5.1.3 隔声性能

隔声性能是指通过空气传到幕墙外的噪声，经幕墙反射、吸收、能量转化后降低的程度。

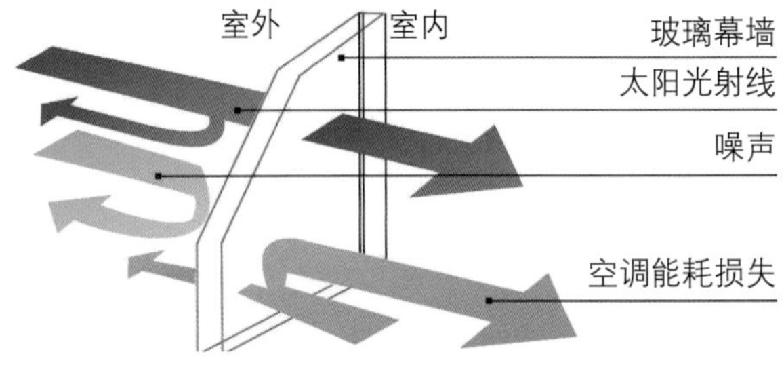

噪声通过空气传递到幕墙外表面，可造成部分声能在幕墙表面被反射；部分声能被玻璃幕墙材料吸收转化为热能；部分声能透过幕墙材料与空隙传入室内；部分声能投射在幕墙上产生振动而转化为动能；部分声能沿幕墙构件以固体声形式传播。

▲ 噪声的传递

（1）隔声性能分级。通常采用计权隔声量R_w作为隔声性能分级指标。建筑幕墙空气声的隔声性能分级参见表5-3。

表5-3 建筑幕墙空气声的隔声性能分级 单位：dB

分级代号	1	2	3	4	5
分级指标R_w	$25 \leq R_w < 30$	$30 \leq R_w < 35$	$35 \leq R_w < 40$	$40 \leq R_w < 45$	$R_w \geq 45$

（2）隔声设计。在具体进行隔声设计时，应根据《民用建筑隔声设计规范》（GB 50118）的规定进行详细设计。

部分民用建筑室内允许噪声级参见表5-4。表5-4中的数据仅供参考，具体数据请参见国家最新标准。

表5-4　部分民用建筑室内允许噪声级　　单位：dB（A）

房间名称	特级	一级	二级	三级
住宅建筑				
卧室、书房	—	≤40	≤45	≤50
起居室	—	≤45	≤50	≤50
学校建筑				
语音教室	—	≤40	—	—
一般教室	—	—	≤50	—
办公室	—	—	—	≤55
医院建筑				
门诊	—	≤55	≤55	≤60
手术室	—	≤45	≤45	≤50
听力测试室	—	≤25	≤25	≤30
旅馆建筑				
客房	≤35	≤40	≤45	≤50
会议室	≤40	≤45	≤50	≤50
多用途大厅	≤40	≤45	≤50	—
办公室	≤45	≤50	≤55	≤55
餐厅、宴会厅	≤50	≤55	≤60	—

★补充要点★

玻璃幕墙的主要隔声措施

玻璃幕墙的隔声主要是采用了中空玻璃，或采用岩棉、矿渣棉、玻璃棉等材料对非玻璃部位进行隔声填充。

5.1.4 气密性能

5.1.4.1 气密性能要点

（1）气密性能。气密性能是指在压力差的作用下，玻璃幕墙可开启部分在关闭状态时，幕墙整体阻止空气渗透的能力；从幕墙缝隙渗入室内的空气量对建筑节能与隔声有较大影响，一般由缝隙渗入室内的冷空气耗热量可达到全部采暖耗热量的20%～40%。

（2）总空气渗透量为每小时通过整个幕墙的空气流量，单位为m^3/h。

（3）附加空气渗透量为除试件本身的空气渗透量外，通过设备、试件与测试箱连接部分的空气渗透量。

（4）开启缝隙长度是幕墙上开启扇周长的总和，单位为m。

（5）单位开启缝长空气渗透量为单位时间内通过单位开启缝长的空气量，单位为$m^3/$（m·h）。

（6）幕墙试件面积是试件周边与箱体密封缝隙的面积，单位为m^2。

（7）单位面积空气渗透量为单位时间内通过试件单位面积的空气量，单位为$m^3/$（m^2·h）。

5.1.4.2 气密设计相关规定

（1）应按照《民用建筑热工设计规范》（GB 50176—2016）中的相关规定执行。

（2）应按照《严寒和寒冷地区居住建筑节能设计标准》（JGJ 26—2018）中的相关规定执行。在设计中，应采用密封性能良好的门窗。

（3）应按照《铝合金门窗》（GB/T 8478—2020）中的相关规定执行。

（4）应按照《玻璃幕墙工程技术规范》（JGJ 102—2003）中的相关规定执行。当有空调和采暖要求时，玻璃幕墙的空气渗透量应在10Pa压差下，其固定部分的空气渗透量应≤$0.1m^3/$（m·h），开启部分的空气渗透量应≤$2.5m^3/$（m·h）。部分玻璃幕墙采用平开铝合金窗作为其开启部分，要求铝合金窗与幕墙保持一致，下限C_3级应≤$2.5m^3/$（m^2·h）。

5.1.5 水密性能

（1）水密性能是幕墙开启部位为关闭状态时，在风雨环境下，建筑幕墙阻止雨水渗漏的能力。

（2）严重渗漏是雨水从试件室外持续或反复渗入试件室内侧，喷溅或流出试件界面的现象。

（3）严重渗漏压力差值是试件发生严重渗漏时的压力差值。

（4）淋水量是喷淋到单位面积幕墙试件表面的水流量。

（5）水密性能分级。常见建筑幕墙水密性能分级指标参见表5-5，具体数据请参见国家最新标准。

表5-5　常见建筑幕墙水密性能分级指标　　单位：Pa

分级代号	1	2	3	4	5
固定部分	$500 \leqslant \Delta P < 700$	$700 \leqslant \Delta P < 1000$	$1000 \leqslant \Delta P < 1500$	$1500 \leqslant \Delta P < 2000$	$\Delta P \geqslant 2000$
可开启部分	$250 \leqslant \Delta P < 350$	$350 \leqslant \Delta P < 500$	$500 \leqslant \Delta P < 700$	$700 \leqslant \Delta P < 1000$	$\Delta P \geqslant 1000$

注：5级时应同时标注ΔP的测试值，如5级（2100Pa）；波动压以平均值作为分级值。

★补充要点★

玻璃幕墙的防雨水渗漏性能措施

1. 玻璃幕墙的立柱与横梁的截面形式应采取等压设计。
2. 玻璃幕墙应在易发生渗漏的部位设置泄水孔。
3. 玻璃幕墙应采用耐候硅酮密封胶嵌缝。
4. 玻璃幕墙可开启部分的密封材料应采用氯丁橡胶或硅橡胶。

5.1.6　热工性能

热量的传递通常有三种形式：对流、辐射和传导。由于玻璃是透明材料，太阳能量以光辐射形式直接透过。

（1）传热系数与遮阳系数分级。幕墙的传热系数K是指在稳定传热条件下，幕墙两侧空气温差为1K时，单位时间内通过单位面积的传热量，单位为W/（m^2·K）。遮阳系数SC也是评价建筑幕墙热工性能的重要指标。

（2）内、外表面换热系数是指围护结构内、外表面温度相差1℃时，1h内通过1m^2表面积传递的热量。

（3）内、外表面换热阻是指内、外表面换热系数的倒数。

（4）导热系数是指在稳态条件下，1m厚物体当两侧表面温度相差1℃时，1h内通过1m^2面积传递的热量；即材料两侧表面存在温度差时，材料本身的传热性能。

★补充要点★

玻璃幕墙的保温措施

玻璃幕墙的保温措施主要为采用中空玻璃，以及在易产生冷凝水的部位设置冷凝水排出管道等。玻璃幕墙可采用岩棉、矿渣棉、玻璃棉作为保温材料。

5.1.7　抗风性能

玻璃幕墙的抗风性能是指玻璃幕墙在受到风压作用下，能保持正常使用的能力。当幕墙处于关闭状态时，风压变形不超过允许范围，且不发生结构性损坏，如裂缝、镶嵌材料破损、五金件松动、局部屈服、开启功能障碍、粘接失效等损坏。

5.1.8 抗变形性能

在地震、大风作用下，幕墙构件会产生不同程度的水平位移，幕墙变形后应当保持原有性能。

（1）幕墙平面内的变形性能是指幕墙在反复变形作用下，能保持墙体与连接部位不发生破损、坍塌的能力。

（2）抗变形性能分级。建筑幕墙抗变形性能常见分级见表5-6（具体数据请参见国家最新标准），采用幕墙的最大层间位移角 r 为分级指标。

表5-6 建筑幕墙抗变形性能常见分级

分级代号	1	2	3	4	5
分级指标值r	$(1/400) \leqslant r < (1/300)$	$(1/300) \leqslant r < (1/200)$	$(1/200) \leqslant r < (1/150)$	$(1/150) \leqslant r < (1/100)$	$r \geqslant (1/100)$

注：$r = \Delta / h$，其中Δ为层间位移值，h为层高。

建筑幕墙变形性能以建筑物的层间相对位移值表示。在正常情况下，建筑幕墙不应损坏，抗变形性能应按位移值的3倍设计。

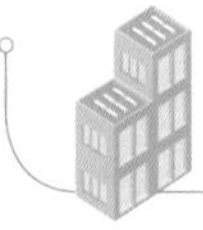

5.2 玻璃幕墙结构设计

玻璃幕墙结构是指悬挂在建筑结构外侧的玻璃幕墙构造。与传统建筑结构相比，玻璃幕墙装饰效果好，具有结构自重轻、材料简单、施工方便、工期短、维护维修方便等特点。

5.2.1 玻璃幕墙结构设计主要构件与组件特点

玻璃幕墙由骨架、玻璃、附件三大部分组成，所使用材料主要有骨架材料、玻璃材料、连接材料、密封材料等。

5.2.1.1 骨架

骨架由立柱与横梁组成，主要用来支承并固定玻璃，通过连接件与墙体结构相连。它将玻璃自重与风荷载传递给建筑主体结构，使玻璃与建筑墙体结构连成一体。玻璃幕墙骨架安装连接设计方式如下。

（1）横竖插接结构

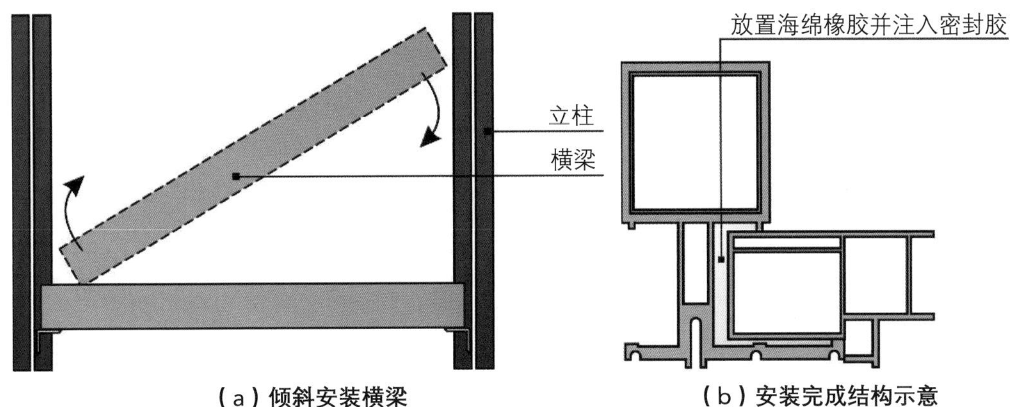

（a）倾斜安装横梁 （b）安装完成结构示意

将横梁插入立柱的预留槽内，首先斜着将横梁推到立柱间合适位置，然后转成水平位置，接着将其搁在横梁角码上；最后在立柱与横梁的间隙处放置海绵橡胶，并注入密封胶。

▲ 横竖插接式安装示意图

横竖插接结构主要特点如下。

① 综合性能较强。横梁所受的风荷载会直接传递给夹持横梁的立柱，固定横梁的角码与螺钉只承受玻璃板块与横梁的重力，而不承受风力。

② 确保立柱与横梁的足够扭矩。横梁承受玻璃的偏心压力后会产生扭矩，为了有效承载扭矩，不产生偏转，横梁与立柱的连接处要有足够强度来防止横梁位置偏离。

③ 减噪、吸收热应力性能强。横梁与立柱之间如果存在较大间隙，可以吸收温差而产生热胀冷缩，同时横梁与横梁角码之间的摩擦力很小，于是很难产生噪声。

④ 抗震性能优良。横梁角码与铝合金型材之间具有可变间隙，在发生地震或地质沉降时能适度变形，抵消来自各方向的压力。

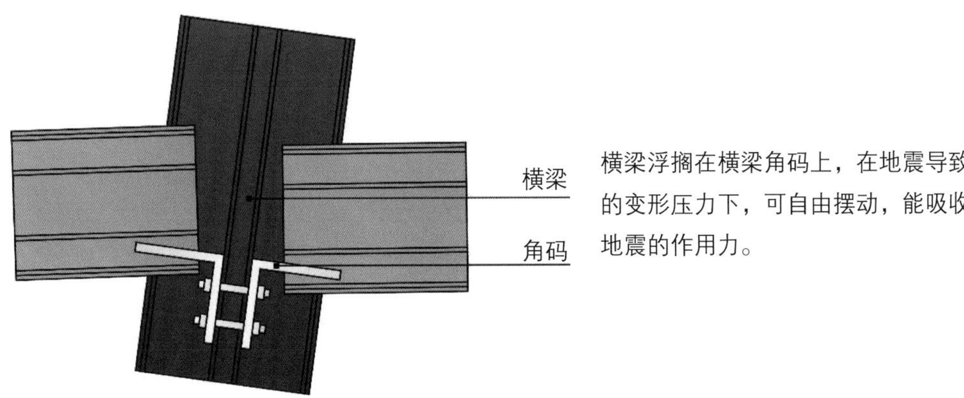

横梁浮搁在横梁角码上，在地震导致的变形压力下，可自由摆动，能吸收地震的作用力。

▲ 地震横梁晃动减振示意图

（2）角码胀浮结构

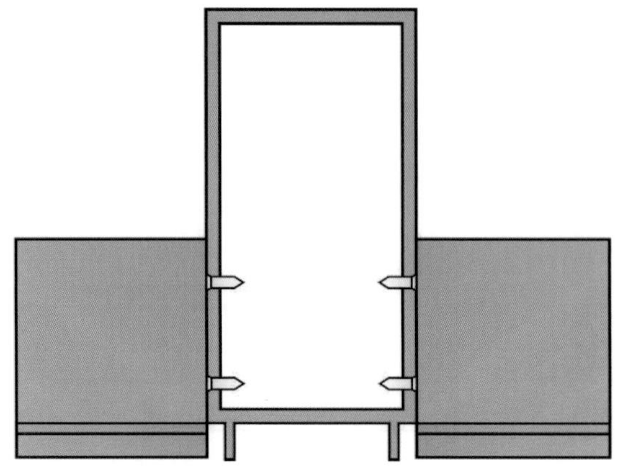

▲ 角码胀浮式安装示意图

角码胀浮结构主要特点如下。

① 降噪、吸收热应力性能强。角码胀浮结构的降噪、吸收热应力原理与横竖插接式结构基本相同，横梁与立柱之间的间隙要注胶密封，在立柱和横梁角码之间应放置橡胶垫片降噪。

② 连接处强度高、抵抗扭转能力强。横梁通过角码将外力传递给立柱，因此对角码的质量要求很高。角码胀浮结构的惯性矩、抵抗矩强度很大，横梁抵御弯矩与扭矩的能力很强。

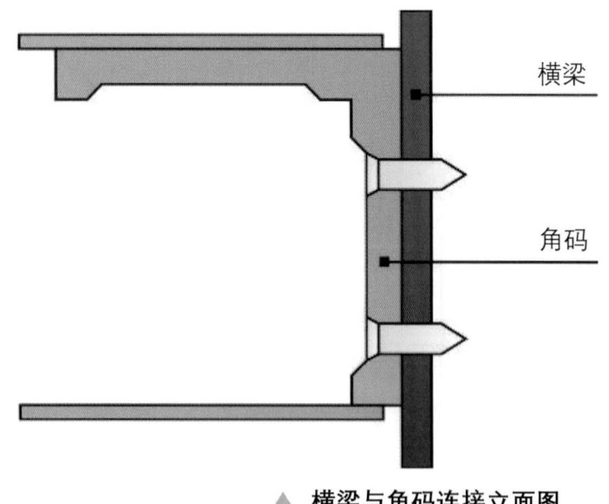

▲ 横梁与角码连接立面图

（3）角码插接结构

整个角码与横梁内腔搭配，角码的一边插入横梁内槽口。根据插接位置不同，可分为横向插接与竖向插接，横梁可以是半开腔或全开腔结构。

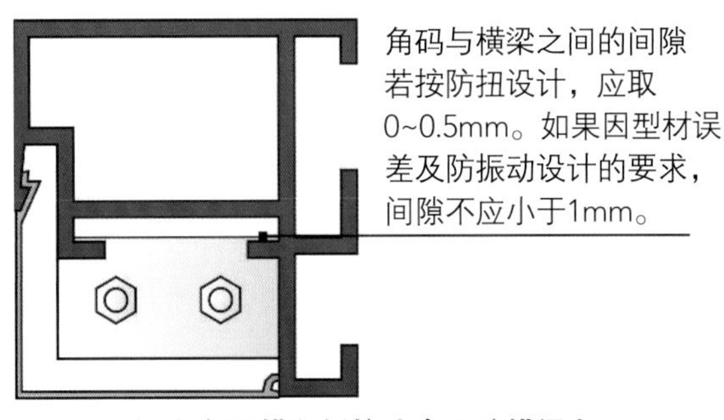

（a）角码横向插接（半开腔横梁）

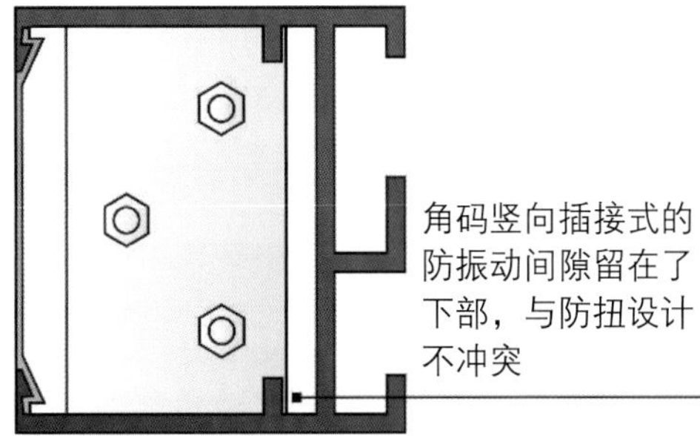

（b）角码竖向插接（全开腔横梁）

半开腔横梁的抗扭截面只有角码胀浮结构的50%左右；全开腔横梁的抗扭截面更低，仅是角码胀浮结构的3%～5%，因此不宜将横梁设计成全开腔结构。

▲ 角码插接式安装示意图

角码插接结构主要特点如下。

① 降噪、吸收热性能强。角码插接结构的横梁是浮动连接的，因此减噪与吸收热性能很强。

② 角码连接处强度弱。角码插接结构主要功能是将角码和横梁相结合，因此角码插接结构的强度不如角码胀浮结构。

③ 连接处强度弱。半开腔横梁安装空间小，且角码规格小，因此角码与立柱的连接初始强度不高，容易发生变形。

（4）通槽螺栓结构

通槽螺栓结构是通过横梁与角码之间的滑动来吸收温差导致的变形。

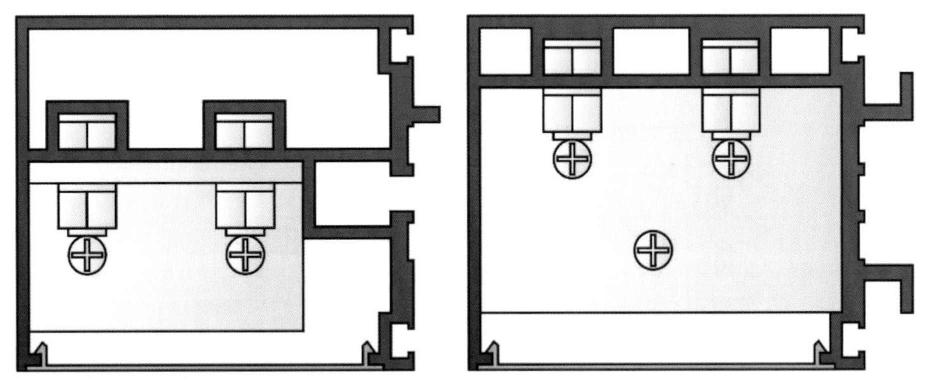

（a）半开腔横梁　　**（b）全开腔横梁**

通槽螺栓式横梁上有通长槽口，能让螺栓帽在里面滑动且不转动。但横梁与横梁角码之间可以伸缩，安装角码时，可将其用螺母与预置在槽口内的螺栓相连。

▲ 通槽螺栓式安装示意图

通槽螺栓结构主要特点如下。

① 螺纹连接不牢固。螺栓在无可靠遮挡措施下容易脱落。

② 噪声大。由于横梁和角码之间存在摩擦力，在横梁角码和横梁之间可采用线性接触，可放置尼龙垫片来增大摩擦力并降低摩擦噪声。

③ 地震时易被破坏。在地震条件下，螺钉的连接角度与力度容易遭到破坏，产生较大缝隙，导致结构松动。

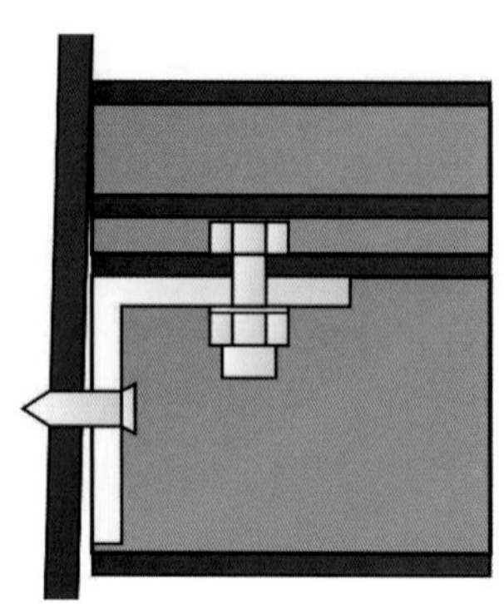

地震时，立柱会随主体结构产生变形；当地震作用大于横梁和角码衔接力度时，横梁与立柱的连接处会遭到破坏，其间会产生缝隙。

▲ 地震中立柱与横梁的连接被破坏时示意图

（5）双向锁死结构

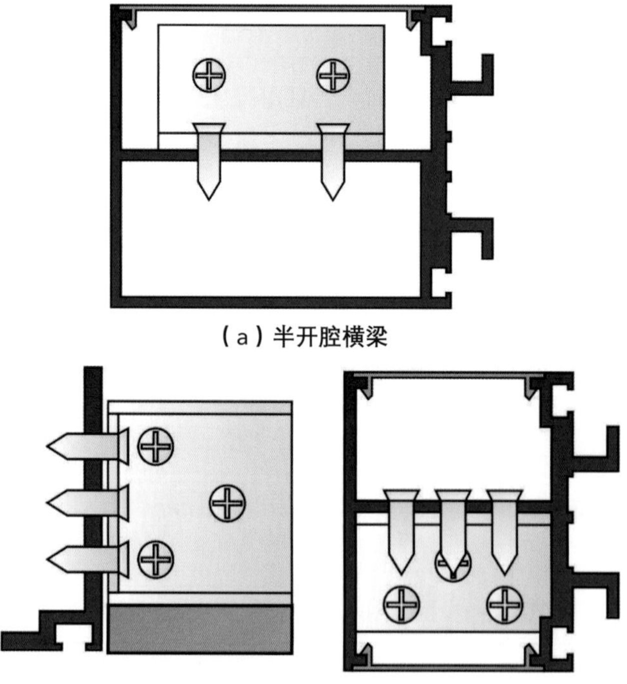

（a）半开腔横梁

（b）全开腔横梁

双向锁死是将横梁与横梁角码、立柱与横梁角码这两处用螺栓、自攻螺钉、铆钉连接锁死。

▲ 双向锁死安装示意图

双向锁死结构能将横梁、立柱与横梁角码完全锁死，完全限制了横梁的热胀冷缩，可以通过以下方法来解决。

① 横梁采用半开腔结构。容易保持稳定性，壁厚比全开腔横梁要薄些。

② 横梁与横梁角码之间采用浮动连接，可用来防振动、降噪并吸收热应力。

③ 提升横梁角码与立柱的强度，让横梁角码与立柱之间不产生滑动或转动。

5.2.1.2 玻璃

玻璃既是玻璃幕墙的围护构件，又是玻璃幕墙的装饰面。部分可开启的玻璃幕墙具有建筑外墙玻璃窗的功能。玻璃幕墙中的玻璃多为钢化玻璃、夹层玻璃、中空玻璃等。

（a）玻璃吊装　　（b）玻璃固定

幕墙玻璃材料的规格尺寸应当提前测量，并进行定制加工。玻璃幕墙可采用从上至下的安装方式，安全系数更高。

▲ 幕墙玻璃安装施工

5.2.1.3 附件

附件是指将玻璃连接到幕墙骨架上的配件，主要有紧固件、密封材料、膨胀螺栓、铆钉、射钉、开启附件、预埋件、转接件、连接件等。玻璃幕墙紧固件主要为不锈钢螺栓、螺母；密封材料主要为硅酮结构密封胶、耐候硅酮密封胶等；橡胶制品为三元乙丙橡胶、氯丁橡胶、硅橡胶等。

（a）驳接式玻璃幕墙

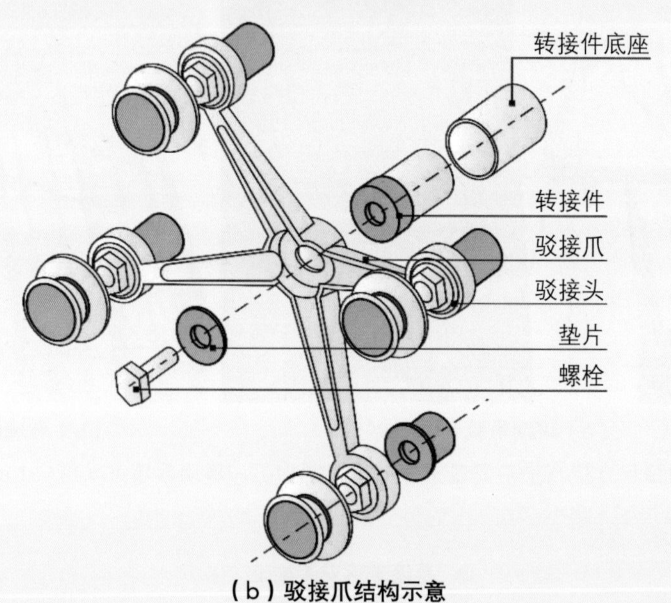

（b）驳接爪结构示意

驳接爪又称为玻璃爪，是幕墙玻璃的支承驳接头，能传递玻璃荷载，并将玻璃固定在支承结构上，是连接玻璃幕墙的重要附件。使用驳接爪连接的玻璃幕墙外观通透，采光性能更好。

▲ 玻璃幕墙驳接爪连接件

5.2.2 玻璃幕墙结构设计主要注意事项

5.2.2.1 风荷载影响

玻璃幕墙支承时须有一定的抗变形能力，才能适应玻璃幕墙主体结构位移。当主体结构在外力作用下产生位移时，不会对幕墙产生过大的扭矩。

风荷载是玻璃幕墙的主要外力作用，其数值可达2.8～5.6kN/m^2，风荷载能使玻璃产生很大的弯曲扭矩。由于玻璃幕墙自重较轻，其自身的变形系数远小于风荷载数值。因此，要充分考虑风荷载对玻璃幕墙结构设计造成的影响。

5.2.2.2 外力作用侧移

玻璃幕墙构件由玻璃与铝合金框等组成，其变形能力是很小的。在地震作用与风力作用影响下，玻璃幕墙结构也会产生侧移。根据不同主体建筑的构造特征，侧移的幅度一般为（1/450）~（1/1100）。

玻璃幕墙框架结构的层间弹塑性侧移要求为：$\triangle u/h \leqslant 1/50$，其中$\triangle u$为层间位移；$h$为层高。例如，层高$h$为3500mm，层间最大位移为50mm，$\triangle u/h$即为1/70，超出了（1/450）~（1/1100）区间范围，幕墙构件必定会遭到破坏。因此，幕墙与主体结构之间，必须采用弹性活动连接。

5.2.2.3 加强幕墙构件连接

非抗震设计的玻璃幕墙在风荷载起控制作用时，幕墙玻璃本身必须具有足够的承载力，避免在风压下破碎。

在常规风力下，幕墙与主体结构之间的连接件很少发生拉断，但是在地震条件下，幕墙的构件与连接件会受到猛烈挤压、沉降，很容易受到破坏。主要预防方式是强化构造连接。

（1）分析地震后，幕墙破坏程度

① 在弱地震中（1～4级），玻璃幕墙不被破坏，应保持完好。

② 在中地震中（5～8级），玻璃幕墙不应有严重破损，只允许部分玻璃破碎，经维修后能继续使用。

③ 在强地震中（9～12级），建筑玻璃幕墙部分破坏严重，玻璃破碎，但玻璃幕墙的骨架不应脱落、倒塌。

（2）加强支承连接。玻璃幕墙在铝合金框架上的支承为四边简支或对边简支。幕墙构件、横梁、立柱之间的支承条件，可以通过连接构造进行设计。

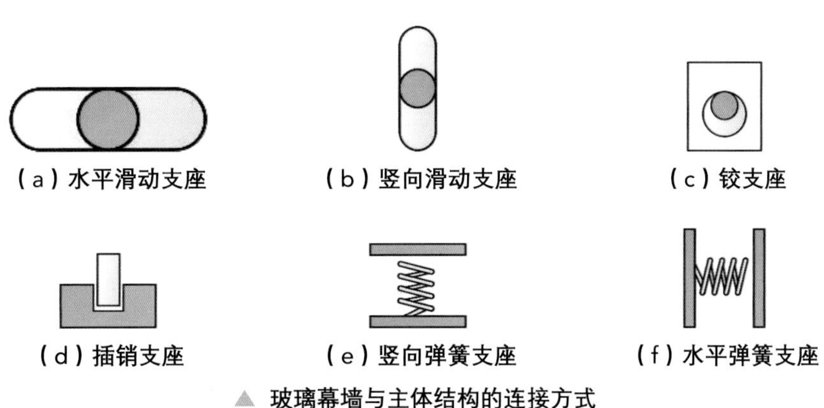

▲ 玻璃幕墙与主体结构的连接方式

玻璃幕墙处于建筑物的外表面，常年遭受风荷载、雨水、环境温度变化等诸多因素的影响；同时，玻璃又属于硬度高的脆性材料，因此玻璃幕墙的施工尤为重要。

▲ 幕墙玻璃安装

第6章

玻璃幕墙施工技术与工艺

学习难度： ★★★★★

重点概念： 玻璃幕墙、玻璃幕墙材料与技术要求、玻璃幕墙安装施工、玻璃幕墙验收保养

章节导读： 玻璃幕墙的种类繁多，包括全玻璃幕墙、框支承玻璃幕墙、点支式玻璃幕墙、单元式玻璃幕墙等。玻璃幕墙类别、构造形式、施工方式各不相同。本章从不同类型的玻璃幕墙着手，分别叙述它们的安装施工要求、施工工艺流程与注意事项。

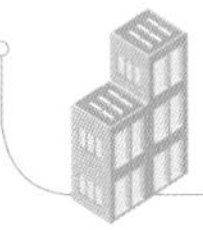

6.1 全玻璃幕墙

微信扫码

全玻璃幕墙由加肋玻璃（简称肋玻璃）和玻璃面板构成，是一种全透明玻璃幕墙，可以透过玻璃看清整个玻璃幕墙结构，向人们提供内外交流的空间。此外，全玻璃幕墙结构系统可将单纯的支承作用转变为装饰与支承的功能结合，从而体现出建筑装饰的艺术感。

全玻璃幕墙大多采用厚度为12～19mm的钢化玻璃或夹层玻璃，具有重量轻、选材简单、预制加工、施工快捷、维护维修方便、易于清洗等特点，适用于各类公共建筑的低层玻璃幕墙。

6.1.1 安装施工准备

6.1.1.1 施工人员要求

施工人员应当熟练掌握全玻璃幕墙的施工工艺，在施工之前应当按以下要求准备。

（1）熟悉施工图与设计说明，仔细校对各种预留构造的位置、尺寸、标高。

（2）结合现场实际情况进行深化设计，经设计和施工单位确认后制作样品，委托加工。

（3）按要求对各种材料进场验收，对粘接材料要进行两次检测，相关材料备案后向监理部门报验。

（4）制作全玻璃幕墙安装样板构造，经设计监理、建设单位检验合格后进行确认。

（5）编制施工方案，根据样板构造确定施工做法，对操作人员进行施工技术交底。

6.1.1.2 材料要求

全玻璃幕墙施工中所选用的各种材料应符合现行国家标准规定，应有出厂合格证和性能检测报告，产品的物理性能、力学性能、耐候性能等均应当符合设计要求。

（1）金属骨架。玻璃幕墙的主次骨架规格、型号、材质以及型材的壁厚、镀锌层厚度、防腐层厚度等都应符合设计要求，并符合现行国家标准《碳素结构钢》（GB/T 700—2006）、《合金结构钢》（GB/T 3077—2015）、《不锈钢冷轧钢板和钢带》（GB/T 3280—2015）、《不锈钢热轧钢板和钢带》（GB/T 4237—2015）、《不锈钢冷加工钢棒》（GB/T 4226—2009）、《不锈钢棒》（GB/T 1220—2007）、《铝合金建筑型材》（GB/T 5237—2017）等要求。

（2）玻璃。全玻璃幕墙所用玻璃应符合现行国家标准要求。

① 面玻璃的厚度不小于10mm，单片厚度不应小于8mm。

② 肋玻璃应采用厚度不小于12mm，截面高度不小于100mm的钢化夹层玻璃。

③ 钢化玻璃表面不能有损伤；如有划伤，对厚度8mm以下的钢化玻璃应进行报废处理。

④ 高度超过4m的全玻璃幕墙应吊挂在建筑主体结构上。

⑤ 玻璃与玻璃、玻璃与肋玻璃之间的缝隙，应采用硅酮结构密封胶嵌填严密。

⑥ 所有玻璃应进行磨边处理。

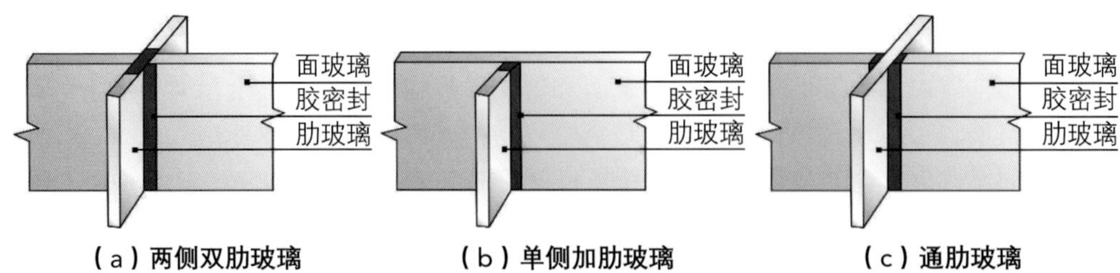

面玻璃与肋玻璃通过透明的硅酮结构密封胶连接，除全玻璃幕墙外，可不在现场加注硅酮结构密封胶。

（a）两侧加肋玻璃，适用于中间内墙。

（b）单侧加肋玻璃，适用于外墙。

（c）通肋玻璃穿过面玻璃，适用于面幅较大的幕墙。

▲ 面玻璃与肋玻璃的胶接方式

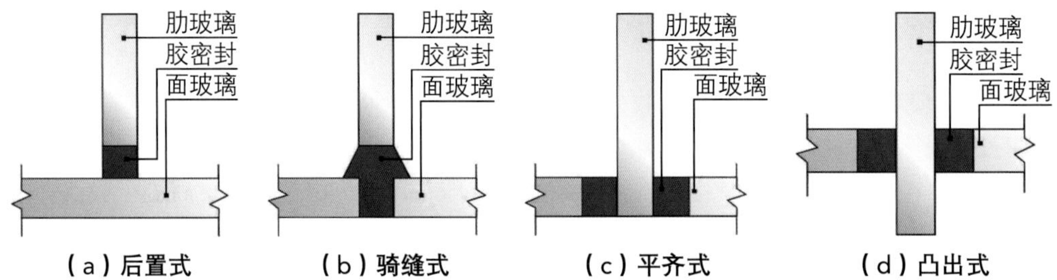

（a）肋玻璃位于面玻璃的后部，用硅酮结构密封胶与面玻璃粘接成整体。

（b）肋玻璃位于两块面玻璃接缝处，用硅酮结构密封胶将三块玻璃粘接一起。

（c）肋玻璃位于两块面玻璃之间，肋的一边与面玻璃表面平齐；肋与两块面玻璃间用硅酮结构密封胶粘接。由于面玻璃与肋玻璃侧面透光厚度不一样，会在视觉上产生色差。

（d）肋玻璃位于两块面玻璃之间，两侧均凸出面玻璃表面，肋玻璃与面玻璃间用硅酮结构密封胶粘接密封。

▲ 加肋玻璃相交面的处理形式

（3）夹具。全玻璃幕墙的吊挂夹具、吊挂件、螺栓等附件质量应符合设计要求。

（4）密封胶。玻璃与玻璃之间采用耐候硅酮胶密封，玻璃与金属结构之间采用硅酮结构密封胶（简称密封胶）。密封胶应符合现行国家标准《建筑用硅酮结构密封胶》（GB 16776—2005）的要求。在使用前应对密封胶进行粘接性强度测试，合格后才能使用。

（5）金属连接件。连接件和角码、膨胀螺栓、五金配件等金属连接件必须进行防腐处理。全玻璃幕墙玻璃的固定安装方式见表6-1。

表6-1　全玻璃幕墙玻璃的固定安装方式

玻璃的固定方式	图样	具体安装方式
干式装配		橡胶密封条镶嵌固定
湿式装配		将玻璃插入镶嵌槽内定位后，将硅酮结构密封胶注入玻璃与槽壁的空隙，最终将玻璃固定
混合装配		将干式装配和湿式装配同时配合使用，先在一侧固定密封条，放入玻璃；另一侧用硅酮结构密封胶固定

注：湿式装配的密封性能优于干式装配，硅酮结构密封胶的使用寿命高于橡胶密封条。

6.1.1.3 设备准备

（1）机具。吊车、玻璃吸盘机、电焊机、冲击电锤、电锯、角磨机、无齿锯、电动葫芦等。

（2）工具。钳子、手动扳手、力矩扳手、螺丝刀等。

（3）计量检测用具。水平仪、经纬仪、线坠、钢直尺、水平尺、焊缝量规、钢卷尺、靠尺、塞尺、卡尺、角度尺、方尺、对角检测尺等。

打开电源开关，抽取吸盘中的真空，再将吸吊机吸盘贴近玻璃表面，推动操作手柄上的手滑阀，这时真空系统接通。当压力表显示达到约60%真空度时，即可进行搬运。

▲ 玻璃吸盘机

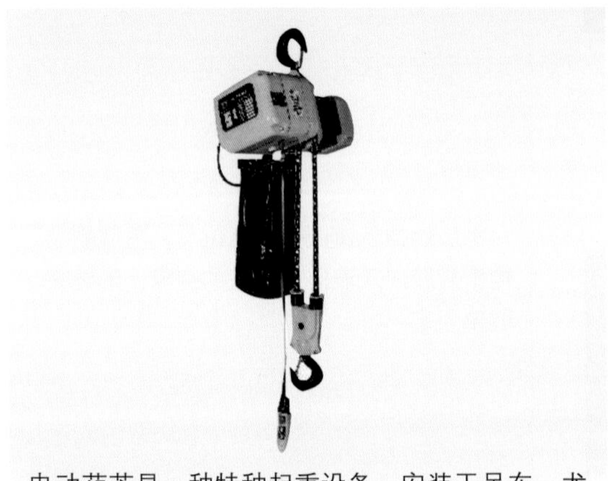

电动葫芦是一种特种起重设备，安装于吊车、龙门吊之上使用。

▲ 电动葫芦

数显式力矩扳手是提高产品质量的必备工具，适用于螺纹紧固扭矩的精确控制及测量。

▲ 数显式力矩扳手

6.1.1.4 现场施工条件

（1）主体与二次结构施工完毕，经验收后合格。

（2）全玻璃幕墙的安装位置、标高基准控制点与线按要求测设完毕，并预检合格。

（3）安装全玻璃幕墙的预埋件经检验全部合格。

（4）施工临时用电供应到作业平台，脚手架搭设完毕，并全部验收合格。

★ 补充要点 ★

玻璃幕墙预埋件构造

玻璃幕墙预埋件分为爪式埋件与槽型埋件两种。

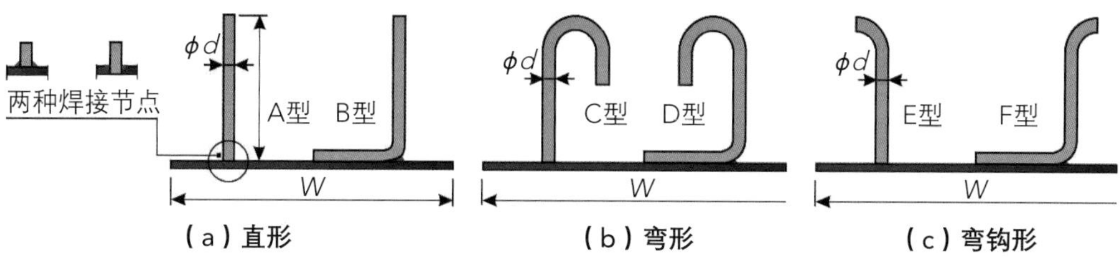

（a）直形　（b）弯形　（c）弯钩形

普通爪式预埋件结构简单，施工方便，可以变化出多种形态；但是焊接面较小，容易造成虚焊、漏焊。

▲ 普通爪式埋件构造图

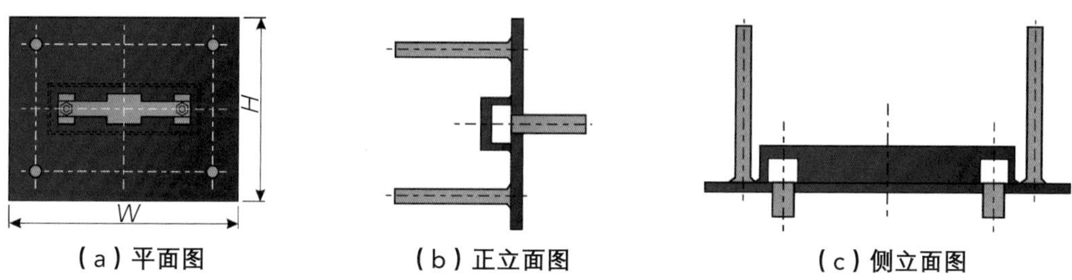

（a）平面图　（b）正立面图　（c）侧立面图

在普通爪式预埋件的基础上，增加了预留槽，连接方便。当误差较大时，也可以进行焊接处理。

▲ 埋板带预留槽式埋件构造图

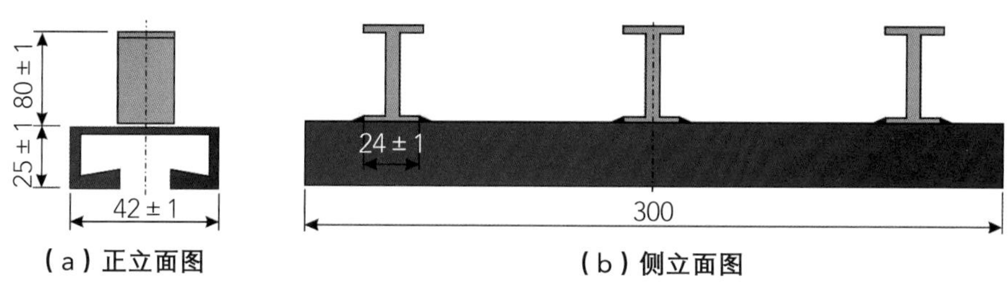

（a）正立面图　（b）侧立面图

金属槽由钢板折弯、铸件、锻件制成，锚筋与金属槽可制成一体或焊接。

▲ 槽型埋件构造图（单位为mm）

6.1.2 安装施工工艺

全玻璃幕墙的安装施工不能在雨中进行；冬季应进行注胶和清洗作业，环境温度不能低于5℃。

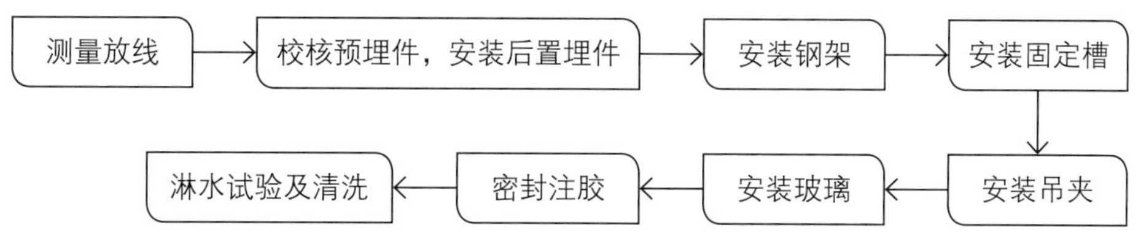

▲ 全玻璃幕墙的安装工艺流程图

根据设计图纸、玻璃面板的规格大小和标高控制线，使用水平仪等测量用具，测量出幕墙底边、侧边玻璃卡槽和肋玻璃、面玻璃的安装位置线。

▲ 测量放线

根据位置线，对预埋件进行检查、校核；当位置有误差或结构施工存在漏埋，或设计变更后未埋预埋件时，应根据设计补做后置埋件。

▲ 校验预埋件，安装后置埋件

根据设计图纸，在工厂对钢架进行加工；完成后运输至施工现场，将钢架吊装就位，调整好位置，再将钢架与已安装好的预埋件进行连接，采用螺栓固定。

▲ 钢架安装方法一：成品或半成品钢架安装

将各种型钢杆件运至施工现场，先按设计要求组装，并编号、码放整齐。随后安装主梁，再依次安装次梁与其他杆件；主梁与埋件、主梁与次梁、主梁与杆件之间的连接固定方式为螺栓连接。

▲ 钢架安装方法二：现场拼装钢架

在玻璃底边且与结构相接的部位安装固定槽：首先将角码与结构埋件固定，然后将固定槽与角码临时固定；再根据测量和设定的标高及位置控制线，调整好固定槽的位置和标高。最后，经过检查后合格，再将固定槽与角码焊接固定。

▲ 安装边缘固定槽

根据设计位置线，先使用螺栓连接玻璃吊架与连接器，然后连接埋件与连接器或钢架，将玻璃吊夹和连接器固定牢固。如果是支承式全玻璃幕墙，则没有玻璃吊夹，应当将顶端玻璃固定槽直接固定在预埋件或钢架上。最后进行全面检查，所有紧固件应紧固可靠并有防松脱装置。

▲ 安装吊夹

在玻璃下端的固定槽内垫入弹性垫块，垫块长度大于150mm，厚度大于15mm；用玻璃吸盘吸住玻璃，将其吊装到位，紧固玻璃与玻璃吊夹，调整面玻璃的水平度与垂直度，将面玻璃临时定位固定。

▲ 安装面玻璃

肋玻璃运到安装地点后，与面玻璃一同对肋进行安装、调整，临时定位固定。

▲ 安装肋玻璃

检查、调整所有吊夹的夹紧度，使用扳手将全部玻璃临时定位和固定。

▲ **调整玻璃吊夹**

使用清洗剂擦洗缝隙，干燥后，先用硅酮结构密封胶嵌注固定点、肋玻璃与面玻璃之间的缝隙。待固化后，将所有胶缝用耐候硅酮胶进行嵌注。

▲ **密封注胶**

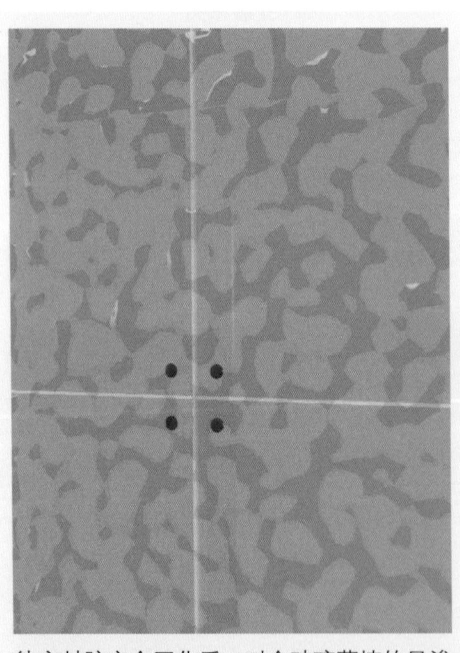

待密封胶完全固化后，对全玻璃幕墙的易渗漏部位进行淋水试验。

▲ **淋水试验**

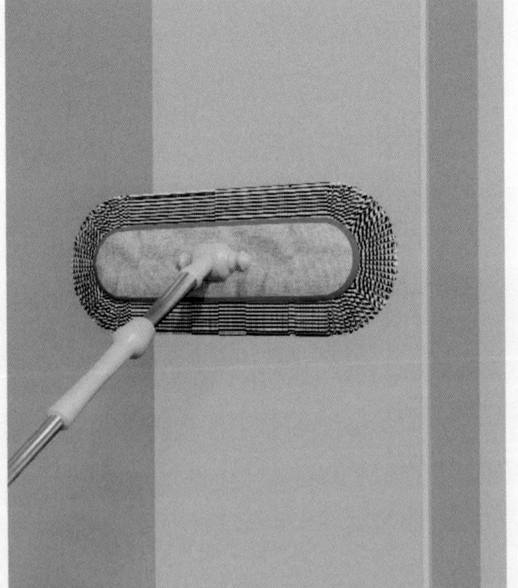

待淋水试验检查合格后，彻底清洁所有的幕墙玻璃。

▲ **清洗**

★补充要点（一）★

需做玻璃幕墙检测的原因

1. 未按照玻璃幕墙的规范进行设计、施工和验收。
2. 工程技术资料、质量保证资料不齐全。
3. 停建的玻璃幕墙工程复工之前。
4. 发生幕墙玻璃破碎、开启部分坠落或构件损坏等情况。
5. 玻璃幕墙在使用过程中发现严重的质量问题。
6. 遭遇地震、火灾或强风袭击后，出现幕墙严重损坏现象。

★补充要点（二）★

玻璃幕墙送检内容

1. 气密性检测。能够发现幕墙设计、安装过程中存在的问题，提高幕墙的气密性指标，最终达到保温节能的目的。

2. 水密性检测。能够发现幕墙渗漏的具体原因，对设计及施工方案进行调整。

3. 抗风压检测。能够发现幕墙是否存在缝隙以及存在缝隙的大小，检测幕墙的抗风压能力与安全性。

（a）玻璃幕墙检测设备　（b）水密性检测　（c）数据检测，全自动记录

玻璃幕墙检测试验能验证幕墙设计的安全性、合理性，同时也为改进设计，以及完善加工、组装、安装工艺方法提供依据。

▲ 玻璃幕墙检测试验

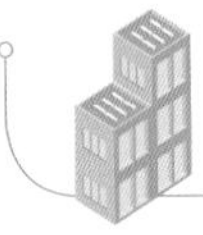

6.2 框支承玻璃幕墙

框支承玻璃幕墙是采用金属型材边框，采用钢化玻璃制作覆面，采用轻质块材或板材制作内衬墙，中间填充保温隔热材料，制作而成的玻璃幕墙。这种玻璃幕墙的造价较低，应用广泛，既可以现场组装，又可以采用预制装配式。金属框架支承按是否外露主要分为明框玻璃幕墙、隐框玻璃幕墙、半隐框玻璃幕墙三种形式。

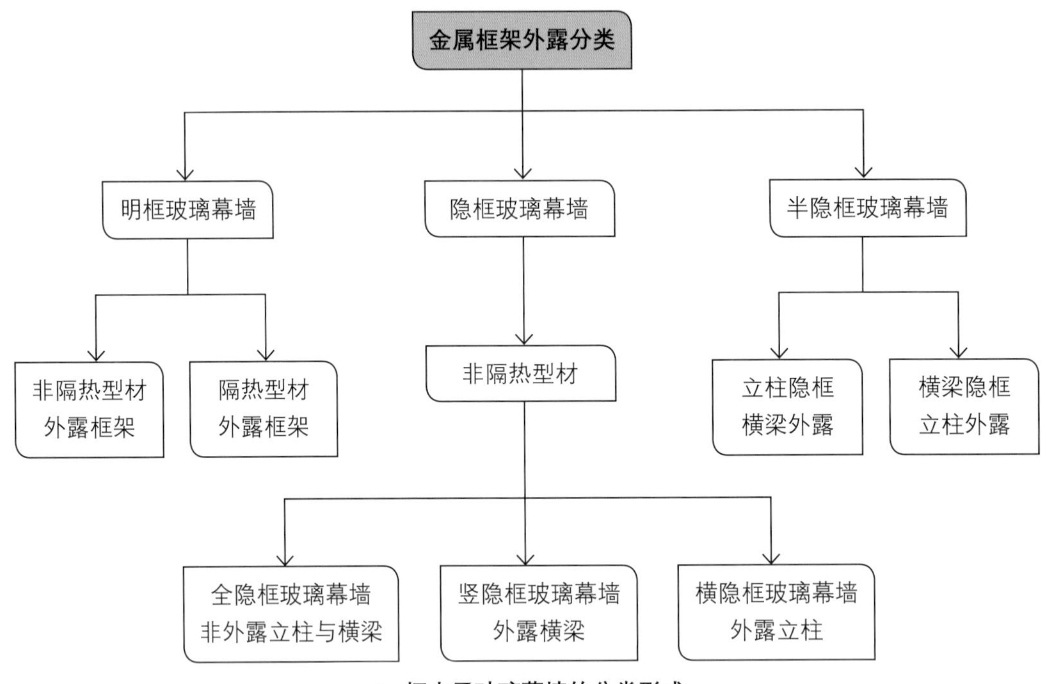

▲ 框支承玻璃幕墙的分类形式

6.2.1 明框玻璃幕墙

明框玻璃幕墙是金属框架构件全部外露于面板外表面的玻璃幕墙。它以定制加工成形的断面铝合金型材为框架，玻璃面板全部嵌入铝合金型材的凹槽内；铝合金型材兼有骨架结构和固定玻璃的双重作用。

6.2.1.1 安装施工准备

（1）材料要求

① 型材。钢材应进行表面热镀锌处理；钢材的品种、级别、规格、颜色、断面形状、热镀锌表面厚度等，必须符合设计要求，并应符合现行国家有关标准。

② 玻璃。采用钢化中空Low–E玻璃，外观质量和光学性能应符合现行国家标准，具有质量合格证与试验数据。玻璃进场后要开箱抽样检查外观质量，玻璃表面应平整，无污染、翘曲，镀膜层均匀。

进入现场要进行外观检查，钢材平直规方，表面无污染、麻面、凹坑、划痕、翘曲等缺陷，并分规格、型号分别码放在木龙骨上。

▲ 钢材入场

幕墙玻璃整箱进场前，要采用钢制型材制作衬托支架，玻璃拆箱后要立放在木龙骨制作的靠架上。

▲ 幕墙玻璃材料入场

③ 密封胶。具有良好的防渗透、抗老化、抗腐蚀性能，具有一定弹性，能适应结构变形和温度胀缩，有出厂证明和防水试验记录。耐候硅酮结构密封胶、硅酮结构密封胶必须有质量检测试验报告。

④ 橡胶条、橡胶垫。其尺寸符合设计要求，无断裂现象，应有耐老化阻燃性能试验出厂证明、成分分析报告、保质年限证书。

⑤ 保温材料。其厚度、热导率、防水性能应符合设计要求。

（2）设备准备

垂直运输的外用电梯、电焊机、焊钉抢、电动改锥、手枪钻、梅花扳手、活动扳手、经纬仪、水准仪、钢卷尺、角尺等。

（3）现场施工条件

① 钢筋混凝土或钢结构主体结构完工，并办理质量验收手续。

② 安装明框玻璃幕墙时应当在安装竖向龙骨之前进行，预先将埋件剔出；放线定位后，如果标高和位置超出允许偏差值时，应及时进行整改。在建筑主体结构施工阶段，施工单位应当根据玻璃幕墙设计单位提供的预埋件设计安装施工图，进行加工、制作、预埋，埋件应当牢固，位置应当准确。

③ 玻璃幕墙施工前，严格核对各层预埋件的中心线与竖向龙骨的中心线是否相符，对照设计图中的轴距尺寸，用经纬仪核实，在各层楼板边缘弹出竖向龙骨的中心线。

④ 核实主体结构实际总标高是否与设计总标高相符，将各层楼面标高标在楼板边，便于安装幕墙时核对。

⑤ 根据主体结构的立柱间距尺寸，用经纬仪确定玻璃幕墙最外侧边缘的尺寸，应特别注意与其他外墙材料连接节点的关系。

⑥ 垂直运输设备安装到位，经检查验收后，其他临时电源应当安装好，并进行安全试运行。

⑦ 应当预先清点竖向龙骨、横向龙骨、玻璃与各种配件，并分类码放到各楼层指定的部位存放，且有专人看管。

▲ 电动吊篮安装就位

▲ 幕墙材料码放至楼层指定部位存放

6.2.1.2 安装施工工艺

明框玻璃幕墙是最传统的幕墙安装形式，其应用广泛，工作性能可靠。相对于隐框玻璃幕墙而言，明框玻璃幕墙更易满足施工技术要求。

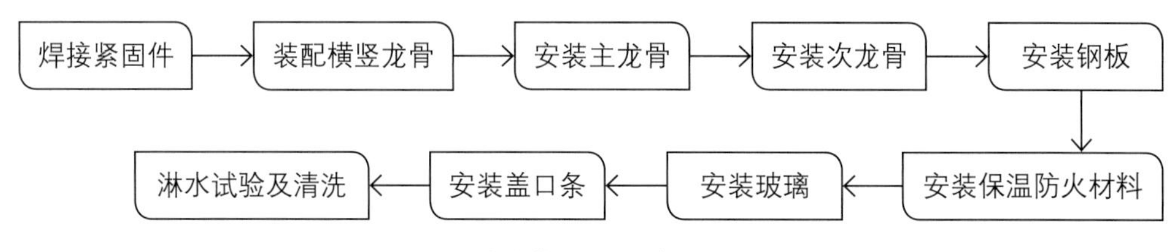

▲ 明框玻璃幕墙的安装工艺流程图

按设计图纸，在主体结构中预埋铁件，每层现浇混凝土楼板或横梁中都要预埋：首先，先对正纵横中心线，然后将角钢与预埋件采用电焊焊接；最后，采用螺栓将预埋铁件与竖向龙骨连接。

▲ 各楼层紧固件的安装方法一：焊接紧固件与预埋件

按设计图纸，在主体结构中预埋T形铁件，每层现浇混凝土楼板或横梁中都要预埋：首先，将紧固件在纵横两个方向的中心线对正，然后将角钢连接件与T形槽通过螺栓连接，将螺栓预先穿入T形槽中；最后，连接角钢连接件。

▲ 各楼层紧固件的安装方法二：螺栓连接紧固件与埋件（或预埋件）

在龙骨安装之前，预先装配好竖向主龙骨之间的连接件与紧固件。

▲ 装配横竖龙骨连接件

各节点连接件的连接方法应当符合设计图纸的要求，连接必须牢固，应当横平竖直。

▲ 装配横向次龙骨的连接件

主龙骨由下向上安装，每两层为一整根，每楼层通过连接紧固铁件与楼板连接：先将主龙骨竖起，上、下两端的连接件对准紧固件的螺栓孔，插入螺栓。

▲ 安装竖向主龙骨1：连接主龙骨与紧固件

主龙骨通过紧固件和连接件的长螺栓孔进行调整，左、右水平方向应与弹在楼板上的位置线相吻合，上、下对准楼层标高，前、后位置不能超出控制线，确保上下垂直，间距应当符合设计要求。

▲ 安装竖向主龙骨2：调整主龙骨

主龙骨通过内套管竖向接长，为了防止铝材受温度影响而变形，接头处应留取适当宽度的伸缩间隙，具体尺寸根据设计要求确定；接头处上、下龙骨的中心线要对齐。

▲ **安装竖向主龙骨3：接长**

安装到最顶层后，用经纬仪校正垂直度，经检查无误后，将所有螺栓、螺母、垫圈再次拧紧焊牢；所有焊缝重新补强焊接，并对焊接表面进行清理，刷防锈涂料两遍；最后检查垂直度、水平度、间距等项。

▲ **安装竖向主龙骨4：按要求焊接**

首先，在安装前将横向龙骨两端头套上防水橡胶垫，再用木支撑暂时将主龙骨撑开，装入横向龙骨；然后，去掉木支撑，两端橡胶垫被压缩至起到防水效果。最后，对连接件螺栓，采用水准仪校对平整，将横向龙骨调平，拧紧螺栓。应特别注意，在安装过程中，要严格控制各龙骨之间的距离与上、下垂直度，核对玻璃尺寸能否镶嵌合适。

▲ **安装横向次龙骨**

首先，将橡胶密封条套在钢板四周；然后，将钢板插入吊顶龙骨内，或用膨胀螺栓固定在混凝土底板上；随后，在钢板与龙骨的接缝处再粘贴沥青密封带。最后，在钢板上焊钢钉。

▲ 楼层之间安装封闭钢板

将矿棉保温层用胶黏剂粘贴在钢板上，用已焊的钢钉与不锈钢片固定保温层；矿棉应铺放平整，拼缝处不留缝隙。

▲ 安装保温防火材料

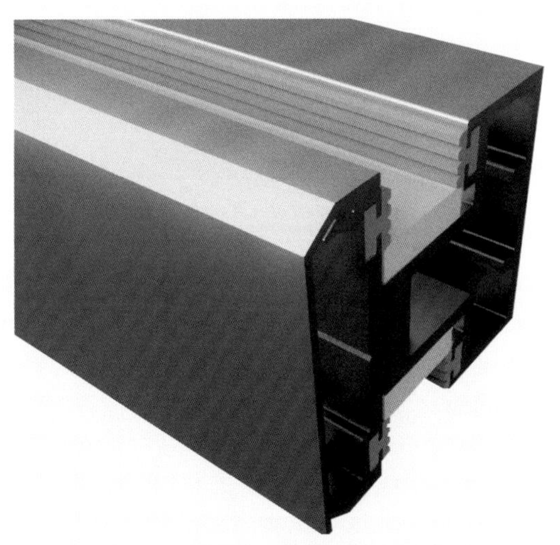

将玻璃由垂直运输设备运至各楼层的指定地点，立式存放。将框清理干净，在下框内塞垫橡胶定位块；垫块应支持玻璃全部重量，要求具有一定的硬度与耐久性；再将内侧橡胶条嵌入框格槽内，先间隔分点嵌塞胶条，再分边嵌塞。

▲ 安装玻璃1：框内嵌塞垫块与胶条

采用机械真空吸盘抬运玻璃，先将玻璃表面灰尘、污物擦拭干净。向框内安装时，一定要正确判断内、外面，将玻璃镶嵌在铝合金框槽内时，嵌入深度要一致。

▲ 安装玻璃2：移动及镶嵌玻璃

首先，将两侧橡胶垫块塞于竖向框两侧；然后，固定玻璃，嵌入外部密封橡胶条，镶嵌要平整、密实。应特别注意：单、双层玻璃均由上向下，并从一个方向向另一个方向连续安装。

▲ 安装玻璃3：固定密封玻璃

在玻璃与横框、水平框交接处均进行盖口处理，室外一侧安装外扣板，室内一侧安装铝合金压条。

▲ 安装盖口条

在玻璃幕墙与屋面女儿墙顶部的交接处，安装铝合金压顶板，并制作防水构造，防止雨水沿幕墙与女儿墙之间的空隙流入建筑室内。

▲ 女儿墙防水设计

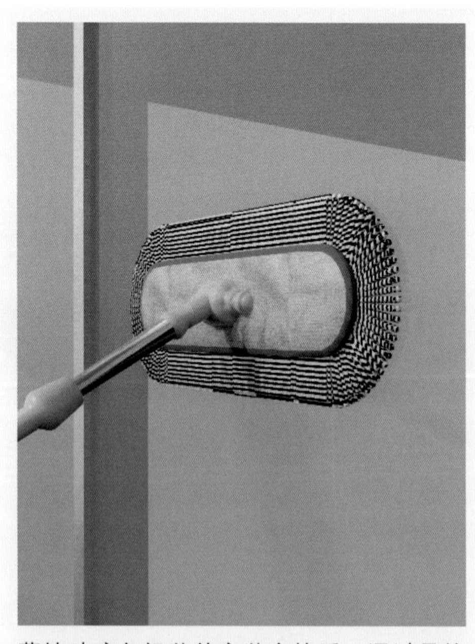

幕墙玻璃各组装件安装完毕后，通过吊篮承载人员，对幕墙玻璃进行擦洗，达到表面洁净、明亮。

▲ 擦洗玻璃

6.2.2 隐框玻璃幕墙

隐框玻璃幕墙的金属框架构件全部隐藏在玻璃背后，在室外是看不见铝合金框架的。隐框玻璃幕墙又分为全隐框玻璃幕墙、竖隐框玻璃幕墙、横隐框玻璃幕墙。隐框玻璃幕墙的构造特点是玻璃在铝合金框外侧，使用耐候硅酮密封胶粘接玻璃与铝合金框架，幕墙的荷载主要靠密封胶承受。

6.2.2.1 安装施工准备

（1）材料要求

① 钢材料。钢材料包括碳素结构钢、合金结构钢、耐候钢、不锈钢等材料。这些钢材的牌号、化学成分、力学性能、尺寸允许偏差、精度等级等，均应符合现行国家标准的规定。钢材表面不应有裂缝、气泡、结疤、泛锈、夹渣、折叠等缺陷。碳素结构钢与合金结构钢应当进行防腐处理。

② 铝合金材料。铝合金材料包括铝合金型材、板材的牌号、化学成分、力学性能、表面处理、尺寸允许偏差、精度等级等，均应符合现行国家标准的规定。铝合金表面应色泽均匀，不应有裂纹、腐蚀斑点、气泡、膜（涂）层脱落等缺陷存在。

③ 紧固件。紧固件包括螺栓、螺钉及抽芯铆钉等，力学性能均应符合现行国家标准的规定。

螺栓属于可拆卸连接，由螺杆配合螺母组成，用于紧固、连接两个带有通孔的零件。

▲ 螺栓

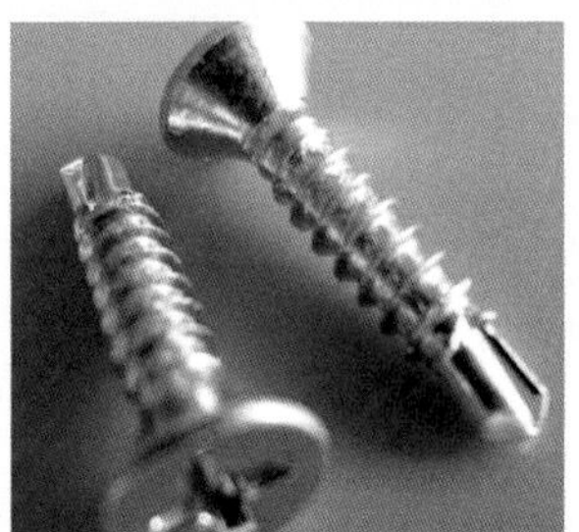

螺钉末端尖锐如钉，小的圆柱形或圆锥形金属杆上带有螺纹，可单独使用。

▲ 燕尾螺钉

铆接时，抽芯铆钉必须由专用拉铆枪拉动，包括手动、电动、气动这三种拉铆枪。

▲ 抽芯铆钉

④ 玻璃。隐框玻璃幕墙必须采用钢化玻璃，钢化玻璃的力学性能、光学性能、尺寸偏差等，均应符合现行国家标准的规定。中空钢化玻璃应采用硅酮结构密封胶进行两次密封。

⑤ 密封胶。密封胶包括硅酮结构密封胶、耐候硅酮结构密封胶、防火密封胶等均应符合现行国家标准的规定。耐候硅酮结构密封胶和硅酮结构密封胶在使用时应具有相容性试验合格报告、力学试验合格报告、保质年限等质量证明文件。

（2）设备准备

垂直与水平运输机具主要包括脚手架、吊篮，其他工具设备主要包括电动或手动吸盘、电焊机、注胶机具、清洗机具、扭矩扳手、普通扳手、测厚仪、铅垂仪、经纬仪、水平仪、钢卷尺、水平尺、靠尺、角尺等。

（3）现场施工条件

① 建筑主体结构主要包括钢结构、钢筋混凝土结构，经验收合格才能进行下一步安装。

② 预埋件已按设计要求埋设牢固，位置准确，其偏差不应大于30mm；对于位置偏差过大或未设预埋件时，应及时补充完善。

③ 幕墙安装所需要的垂直运输机具、脚手架搭设和吊篮、安全防护网应符合现行规范要求；安装用电源与消防设备配置齐全，安装场地和施工面障碍物已拆除。

④ 幕墙安装施工前应当编制施工组织设计方案，并报有关技术部门审批，安装应纳入建筑工程总体施工组织方案设计中。

⑤ 对隐框玻璃幕墙安装时可能造成损伤的分项工程，应在隐框玻璃幕墙安装施工前完成，并对隐框玻璃幕墙采取有效的保护措施。

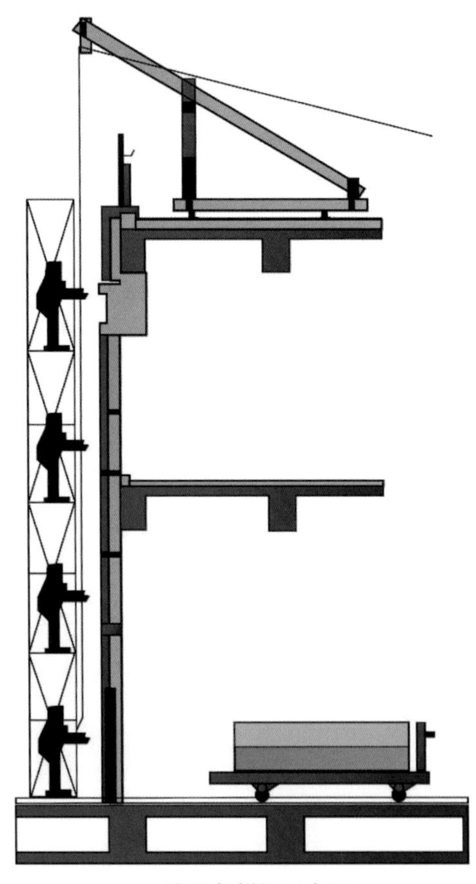

▲ 脚手架搭设示意图

6.2.2.2 安装施工工艺

幕墙用玻璃由工厂负责加工，再运送至施工现场安装。但是，施工现场不宜长期储存玻璃。安装前应当确定详细的安装计划，列出玻璃供应时间，以保证玻璃生产与安装的顺利进行。

如果玻璃面积在4m²以内，可以采用人工安装；如果玻璃面积过大，应当采用真空吸盘等工具或机械安装。玻璃不能与其他构件发生接触，四周必须留有空隙。下部应有定位垫块，垫块宽度与槽口相同，长度大于100mm，厚度大于10mm。

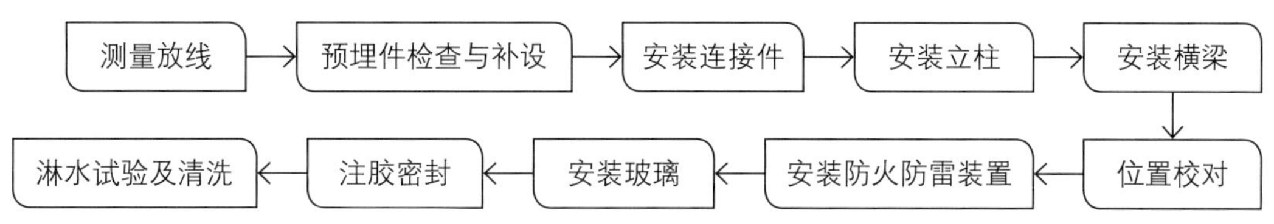

▲ 隐框玻璃幕墙的安装工艺流程图

★ 补充要点 ★

定位线的绘制方法

1. 幕墙立柱外平面定位。根据设计图纸和建筑结构误差确定幕墙安装点位与轴距，在墙面顶部合适位置确定幕墙立柱外平面的轴线位置。

2. 幕墙立柱轴线定位。结合建筑外轮廓测量数据，确定每条立柱的左右位置，轴线之间的误差应当在本定位轴线内调整，误差应当小于5mm。

3. 幕墙立柱标高定位。确定每层立柱顶标高与楼层标高，沿楼板外部定位幕墙立柱顶标高线。

根据建筑标高线检验、测量每一层预埋件标高的中心线，据此线检查预埋件标高的偏差，并作好记录。根据建筑轴线测量立柱轴线，据此检查预埋件左右偏差。

▲ 测量放线

预埋件位置应准确且埋设牢固，标高偏差不大于10mm，左右位移不大于30mm。如果预埋件位置具有较大偏差，导致连接角码无法与钢板焊接时，可以切短角码或增补钢板。

▲ 调整具有偏差的预埋件

清理角码连接件，同时进行防腐处理。安装时，将螺栓穿过连接件和转接件并固定。安装完毕后，对所有角码要进行检查，注意防腐是否完好，规格是否正确，调整是否到位等；对不符合位置的角码要及时维修或返工。

▲ **安装连接角码**

芯套用于连接长立柱与立柱，且上下层立柱之间预留30mm以上的伸缩缝。

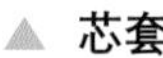

▲ **芯套**

首先，在立柱安装前，将芯套插入立柱内。然后，在立柱上钻孔，将连接角码用不锈钢螺栓安装在立柱上，二者之间用防腐垫片隔开。随后，开始由下至上安装立柱，搬运工将立柱搬运到安装工作面上，立柱顶部与标高控制线保持水平；这时焊工将连接角码临时点焊在预埋钢板上，同时调整立柱位置。最后，确定第一条立柱准确无误，将上一层立柱套入下一层立柱芯套，位置准确后进行点焊。依次循环，当一组立柱安装完毕后，经全面检查后，再进行加焊。

▲ **安装立柱**

隐框玻璃幕墙立柱安装的允许偏差值见表6-2。

表6-2　隐框玻璃幕墙立柱安装的允许偏差值　　单位：mm

隐框玻璃幕墙的立柱安装	允许偏差值
立柱安装标高	≤5
轴线前后	≤6
轴线左右	>5
相邻两根立柱安装标高	≤5
同层立柱的最大标高	≤8
相邻两根立柱的距离	≤5

用经纬仪将楼层标高线引至立柱上，以楼层标高线为基准，在立柱侧面标出横梁位置。每一层横梁分隔的误差在本层内调整。

▲ 安装横梁1：测量横梁位置

将横梁两端的铝角码与弹性橡胶垫安装在立柱的预定位置上，要求安装牢固、接缝严密。同一层横梁的安装应由下向上进行，当安装完一层时，应进行检查、调整、校正、固定，相邻两根横梁的水平标高偏差不应大于2mm。

▲ 安装横梁2：固定及调整横梁

首先，将防火板运输至各楼层，并按顺序放置，小范围试装防火板，检查尺寸是否合适。然后，在横梁上定位钻孔，将防火板一侧固定在防火隔断横梁上，用螺钉固定。最后，检查是否固牢。

▲ 安装层间防火隔断板

首先，完成幕墙防雷网焊接，同时清理焊缝，涂刷防锈涂料。然后，逐个焊接幕墙防雷网与主体结构防雷系统。

特别注意：焊缝应饱满，焊接牢固，不应漏焊或随意移动、变动防雷节点的位置。

▲ 安装防雷系统

首先，在固定槽内垫好橡胶垫块，用玻璃吸盘将玻璃吊装到位。然后，对玻璃进行调整，应横平竖直且表面平整。最后，用橡胶垫块固定，压紧垫块。

▲ 安装玻璃

将橡胶垫杆填塞到拟注胶的缝中，保持垫杆与板块侧面有足够的摩擦力，填塞后垫杆凸出玻璃表面约3mm。

▲ 填塞垫杆并注胶密封

首先，采用干净不脱毛的清洁布将拟注胶缝清洁干净，必要时蘸少量二甲苯清洁。然后，使用耐候硅酮结构密封胶嵌缝，沿同一方向将胶缝刮平或刮成凹面。

▲ 清洁并注胶

选用无腐蚀性清洁剂对玻璃幕墙进行清洗，同时应注意对成品的保护。

▲ 交验及清洁

6.2.3 半隐框玻璃幕墙

半隐框玻璃幕墙的金属框架横向或竖向框架显露于玻璃以外，其主要可以分为竖隐横不隐或横隐竖不隐两种形式。

半隐框玻璃幕墙的其中一个对应边采用硅酮结构密封胶粘接玻璃，玻璃的重量传递给铝合金框架；另一个对应边采用铝合金镶嵌槽装配玻璃，玻璃的重量由铝合金型材镶嵌槽传递给铝合金框架。

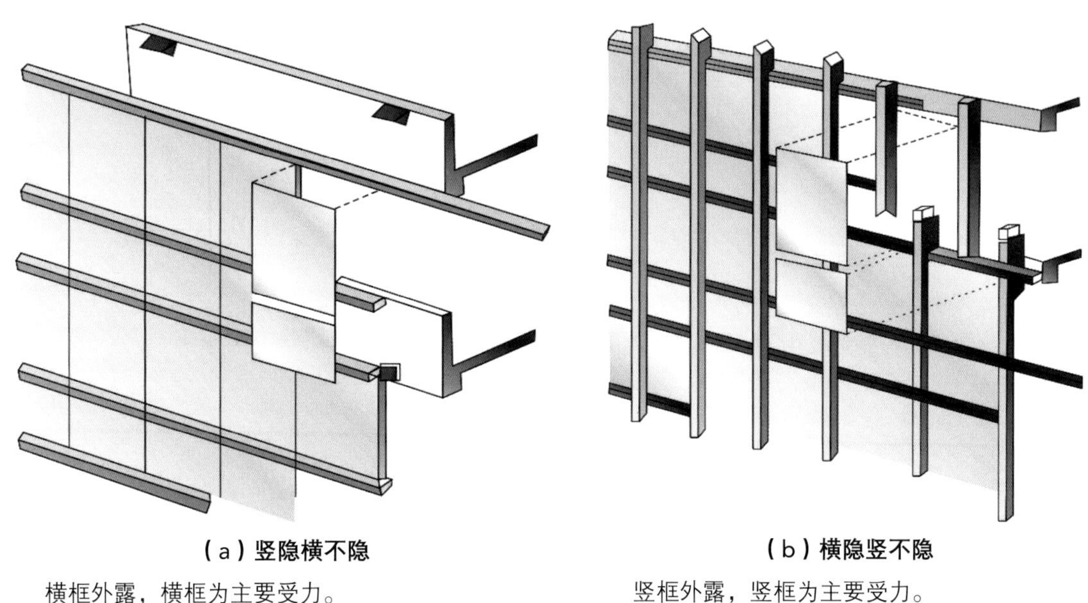

（a）竖隐横不隐

横框外露，横框为主要受力。

（b）横隐竖不隐

竖框外露，竖框为主要受力。

▲ 半隐框玻璃幕墙的不同结构形式

6.2.3.1 安装施工准备

（1）材料要求

① 钢材料。玻璃幕墙用钢材的外观质量和性能应符合现行国家标准的有关规定，应有出厂合格证。不锈钢材宜采用奥氏体不锈钢，且含镍量不应小于8%；碳素结构钢和合金结构钢应进行防腐处理；用氟碳涂料或聚氨酯涂料喷涂时，涂膜厚度不宜小于35μm；在空气污染严重及海滨地区，涂膜厚度不宜小于45μm。

② 铝合金材料。铝合金型材采用阳极氧化、电泳涂漆、粉末喷涂、氟碳喷涂进行表面处理时，应符合现行国家标准《铝合金建筑型材》（GB/T 5237—2017）规定的质量要求。

③ 玻璃。幕墙玻璃的外观质量和性能应符合现行国家标准的有关规定，应有出厂合格证。钢化玻璃应当经过二次热处理；中空玻璃的气体层厚度不应小于9mm。

阳光控制镀膜玻璃应采用真空磁控溅射法工艺或热喷涂法生产工艺。

▲ 阳光控制镀膜玻璃

单片低辐射镀膜玻璃应采用在线热喷涂低辐射镀膜玻璃。

▲ 单片低辐射镀膜玻璃

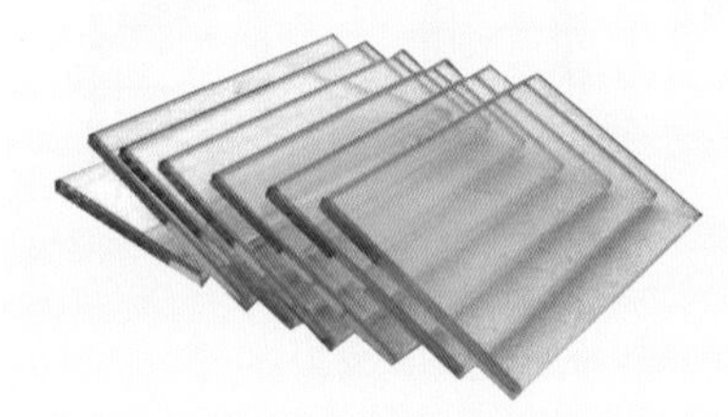
建筑幕墙都有防火要求，应当根据设计、使用需求采用单片防火玻璃。

▲ 单片防火玻璃

④ 密封胶。幕墙用硅酮结构密封胶应符合现行国家标准《建筑用硅酮结构密封胶》（GB 16776—2005）的规定，应进行相容性和剥离黏结试验，并应对邵氏硬度、标准状态拉伸黏结性能进行复验。橡胶制品宜采用三元乙丙橡胶、氯丁橡胶及硅橡胶。

（2）设备准备

① 机具。电动玻璃吸盘、铆钉枪、冲击钻、电钻、电焊机、砂轮切割机、电动吊篮、电动螺钉旋具等。

② 工具。注胶枪、滚轮、螺钉旋具、钳子、扳手、锤子、凿子、吊线坠、水平尺、钢卷尺等。

（3）现场施工条件

① 主体结构已经完成并验收合格，主体建筑结构上预埋件完成预埋。

② 幕墙安装的施工组织设计方案已编制完成，并经过审核批准。

③ 幕墙材料已进场，并复验合格。

④ 安装幕墙所用的垂直运输设备、脚手架等已准备好，并验收合格。

6.2.3.2 安装施工工艺

玻璃幕墙安装施工应符合现行行业标准《建筑施工高处作业安全技术规范》（JGJ 80—2016）、《建筑机械使用安全技术规程》（JGJ 33—2012）、《施工现场临时用电安全技术规范》（JGJ 46—2005）的有关规定。

主体建筑结构施工面下方应设置防护网，在距离地面高度约3m处，应设置挑出宽度不小于8m的水平防护网。

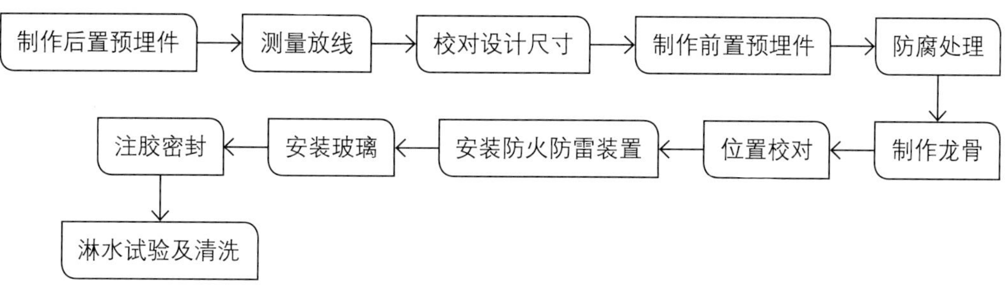

▲ 半隐框玻璃幕墙的安装工艺流程图

对后置钢板进行划线、切割，完成后用防锈涂料进行防腐处理后备用。

▲ 制作后置埋件

确定标高点、位置控制线，在建筑主体上定出幕墙平面、立柱、分格、轴角等基准线，根据基准线对幕墙分格尺寸进行复核和调整。

▲ 测量放线

根据放线定位的精确位置，确定后置埋件的安装位置；钻孔并安装膨胀螺栓，固定后置埋件，经复查合格后电焊焊接牢固，对焊接部位涂刷防锈涂料。

▲ 埋板

复测预埋件的位置尺寸，立梃用不锈钢螺栓连接，夹耳与主龙骨间用PVC垫板隔开，PVC垫板厚度为2mm。立梃上的夹耳与预埋件上的角钢用高强螺栓连接，并调整水平度与垂直度。

▲ 安装铝合金龙骨1：安装立梃

用自攻螺钉连接横框与立梃，整个龙骨安装完成后复核安装尺寸。用经纬仪、水平仪检查垂直度为50<h≤80m，允许偏差为15mm，水平度允许偏差为3mm。

▲ 安装铝合金龙骨2：安装横框

在安装预埋件时，预埋件要与建筑主体的防雷接地装置连接起来。整个框架安装完毕后，用4#扁钢制作避雷连接主体筋，将均压环引出线与主体筋防雷引下线焊接，搭接长度≥150mm，焊缝高度≥8mm。

▲ 安装龙骨避雷装置

先将下部铝板固定，填充防火棉，再将上部铝板固定，最后采用防火胶封闭。

▲ 层间防火隔离封闭

首先，采用丙酮溶剂将玻璃四周与铝框清洗干净；然后用双面泡沫胶将两者进行临时粘贴；随后打胶均匀，注意随时观察密封胶有无空隙和气泡。最后，平放静置24h，待10～12天后方可继续安装玻璃。

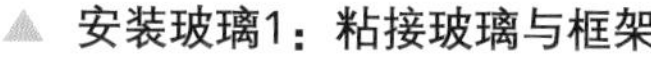

▲ 安装玻璃1：粘接玻璃与框架

从上至下安装玻璃，在安装过程中，注意玻璃板块之间相互平齐，保证平整度和垂直度，误差应当≤2mm；玻璃与龙骨相连的垫块应当压平，采用自攻螺钉固定。

▲ 安装玻璃2：固定安装玻璃

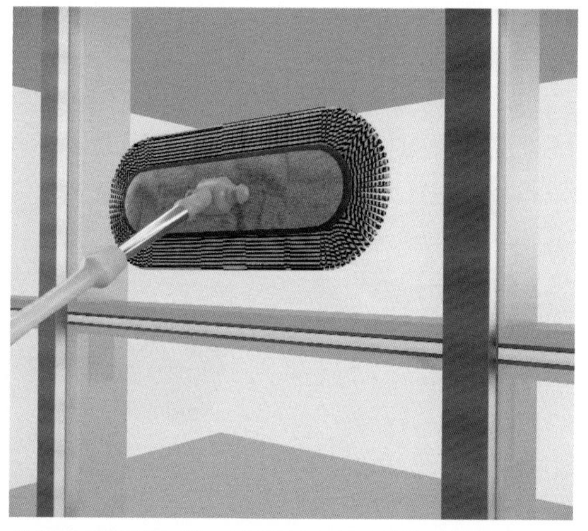

按照玻璃板块间隙，选用宽度合适的橡胶杆填充，并在缝隙两边贴美纹纸。打胶时，胶面应平整光滑，无气泡和凸凹现象。待密封胶干后，即可撕下美纹纸，并清洁玻璃表面。

▲ 注胶密封与交验清洗

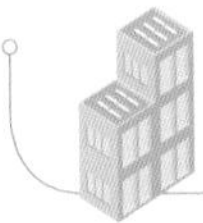

6.3 点支式玻璃幕墙

点支式玻璃幕墙由玻璃面板、点支承装置和支承结构构成。点支式玻璃幕墙追求回归自然，其空间效果通透、构件精巧、结构美观，能体现出现代建筑装饰的机械美特征。虽然造价相对较高，但是仍得到青睐，近年来使用广泛。

6.3.1 安装施工准备

6.3.1.1 施工人员要求

点支式玻璃幕墙在安装施工前，应编制专项施工组织方案，对现场施工人员进行技术交底。此外，工程吊装与玻璃安装期间应设置警戒范围，并进行试吊装。

6.3.1.2 材料要求

（1）钢材

① 幕墙结构选用的金属材料应当具有耐候性，要对钢材进行化学分析，钢材应进行表面防腐处理，耐候性能应符合设计要求。

② 拉索应采用不锈钢绞线或铝包钢绞线，绞线直径不小于2mm。绞线必须进行预张拉处理，其张力宜为整绳破断力的60%，且持续张拉时间为3h，作3次以上反复张拉以消除钢绞线的结构伸长量。

③ 绞线的接头材料应采用不锈钢，钢绞线与索套接头必须压制牢固、可靠，加工产品应当经过破断拉伸试验。索套的接头最终破断力不得小于钢绞线整绳的90%，并有试验报告与相关质量证明文件。

▲ 点支式玻璃幕墙的驳接点示意图

（2）密封胶。密封材料采用耐候硅酮结构密封胶，不同品牌的密封胶不能混合使用，不能使用过期的密封胶，应提供试验合格报告、抗拉力试验合格报告等质量证明文件。

（3）玻璃。点支式玻璃幕墙玻璃的外观质量和性能应符合现行国家标准。

（a）全钢化处理的钻孔玻璃

钻孔玻璃必须经过全钢化处理，所有钢化玻璃均应当经过均质处理。

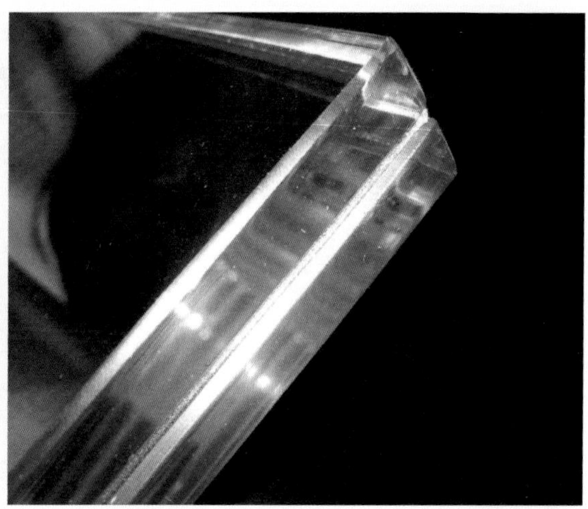

（b）聚乙烯醇缩丁醛（PVB）胶片合成的夹层玻璃

夹层玻璃采用聚乙烯醇缩丁醛（PVB）胶片加工合成的夹层玻璃，胶片厚度不小于0.76mm。

▲ **点支式玻璃幕墙的玻璃**

6.3.1.3 设备准备

（1）机具。起重机、电动吸盘、手动吸盘、预应力张拉器、电焊机、冲击钻等。

（2）工具。扭矩扳手、普通扳手等。

（3）计量检测用具。内应力测量仪、测厚仪、铅垂仪、经纬仪、全站仪、水准仪、卷尺、水平尺、角度尺等。

6.3.1.4 现场施工条件

（1）在正式安装施工前，应对建筑主体结构进行验收。点支式玻璃幕墙的材料、附件、结构件等应符合质量要求，具有产品质量证明书。

（2）构件安装时应注意安装顺序，防止误差积累与误差影响，应根据现场放线定位进行安装，防止安装造成的二次误差带来的不良影响。

（3）幕墙工程应单独编制安装施工组织方案，并提交建设单位或建筑施工总承包单位审批。

6.3.2 安装施工工艺

点支式玻璃幕墙采用四爪式不锈钢挂件与立柱连接。点支式玻璃幕墙每块玻璃上的钻孔可在工厂进行加工，挂件的每个爪分别与玻璃上的一个孔相连接，即一个挂件能连接4块玻璃。点支式玻璃幕墙只能在施工现场进行组装。

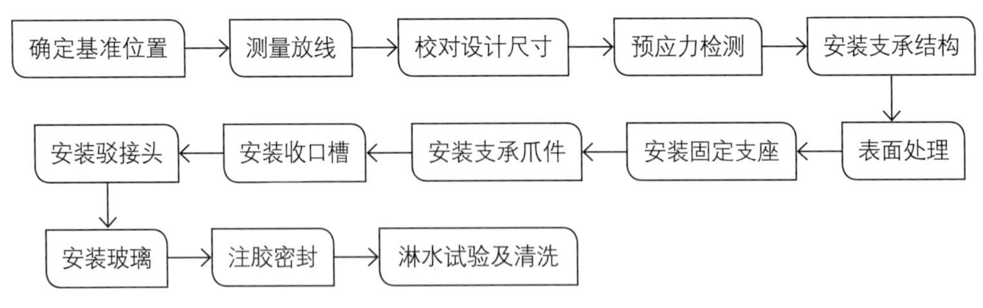

▲ 点支式玻璃幕墙的安装工艺流程图

对驳接座安装点进行安装，对结构偏移所造成的误差采用偏心座和偏心头校正。

▲ 安装驳接座

将驳接头的前部安装在玻璃的固定孔上并拧紧，每件驳接头中附有衬垫，使金属与玻璃隔离，同时保证结构锁紧、密封。当玻璃吊装到位后，将驳接头的尾部与驳接爪相互连接并拧紧。特别注意：玻璃内侧与驳接爪的定位距离要统一。

▲ 安装驳接头

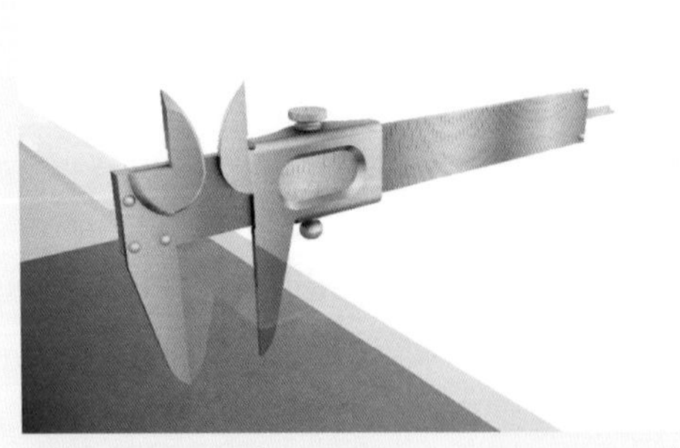

玻璃运输到达施工现场后，由现场质检员与安装组长对玻璃表面的质量、公称尺寸进行检测；同时，使用玻璃应力仪对玻璃的钢化状况进行检测，玻璃安装先上后下，逐层安装并调整。

▲ 检测与安装玻璃

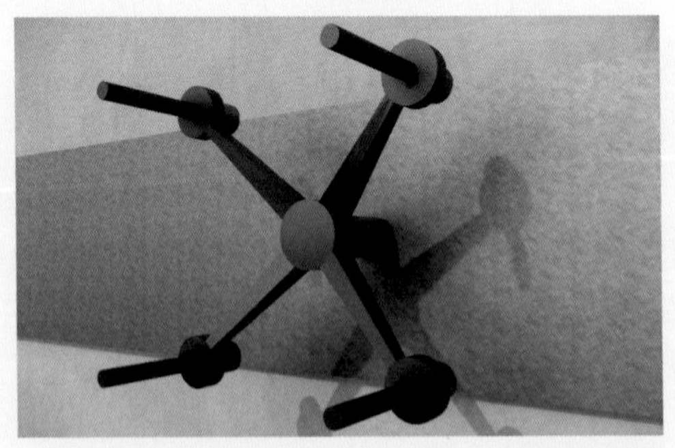

当驳接座焊接安装结束后，开始定位驳接爪，将驳接爪的受力孔向下，并用水平尺校准两横向孔的水平度；两水平孔偏差应小于1mm，配钻定位销孔，安装定位销。

▲ 安装驳接爪

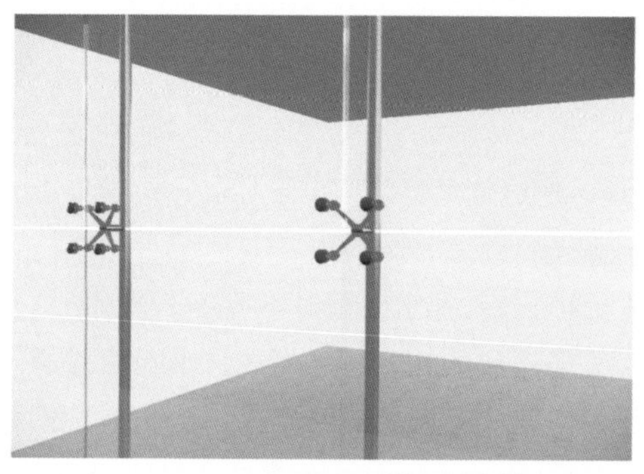

采用电升降机垂直运输玻璃，采用吸盘垂直提升到安装平台上进行定位安装。安装过程中，应当减少尺寸累积误差，在每个控制单元内尺寸公差带为±5mm。

▲ 玻璃吊装

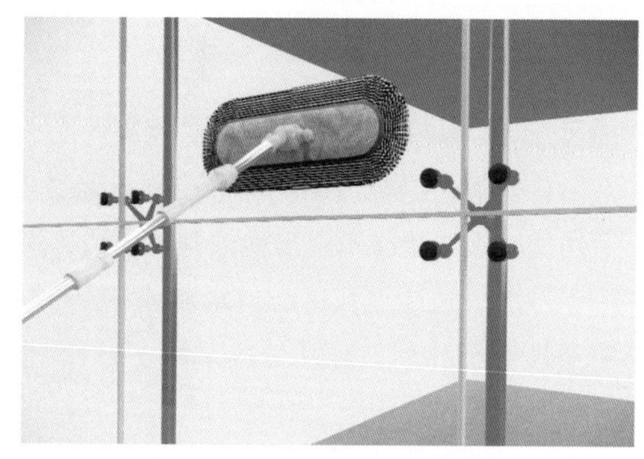

玻璃安装完毕，经过调整后进行打胶，使玻璃的缝隙密封。打胶顺序是先上后下，先竖向后横向，待胶干固后进行检测和清洗。

▲ 注密封胶及检验清洗

★补充要点（一）★

索桁架的质量控制

1. 钢索可选用不锈钢绞线，抗拉强度f_y不应小于1500MPa，整绳弹性模量E不应小于1.35×10^5MPa。

2. 钢绞线应捻制均匀，不能有扭曲及松弛的钢丝。钢丝均应紧密绞合，每根钢丝不应有外凸、折断、擦伤、错乱、交叉等现象。

3. 索桁架在运输、安装过程中，要采取临时措施保证平面外稳定。安装前，要单独进行结构试验，保证强度与抗变形能力满足施工要求。

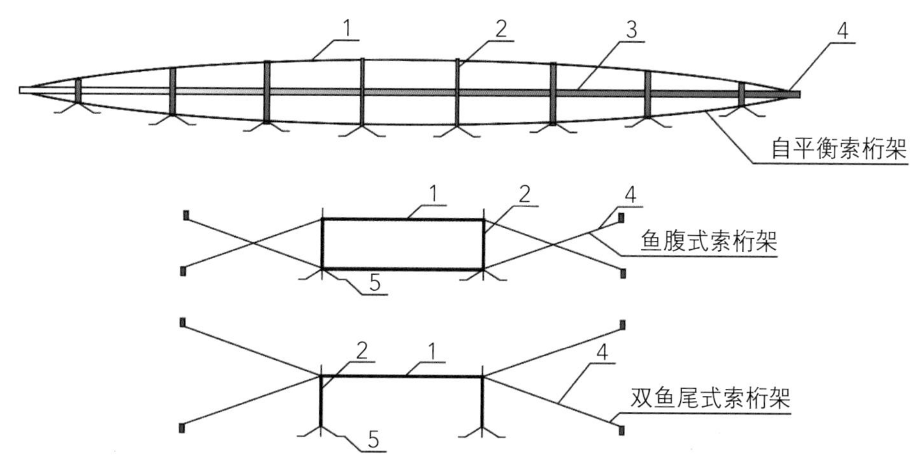

1—不锈钢绞线；2—腹杆；3—主压杆；4—连接座；5—支承爪件。

▲ 钢索桁架制作示意图

★补充要点（二）★

点支式玻璃幕墙玻璃的质量控制

1. 玻璃边缘与玻璃孔洞边缘都应经过磨边处理，磨边倒角宽度不小于1.5mm；经磨边后的玻璃板块边缘不应出现缺角、爆边、裂纹等缺陷。

2. 玻璃边缘至孔中心的距离c不应小于$2.5d$（d为玻璃孔径），同时不应小于90mm。中空玻璃开孔后，开孔处应采取多道密封措施。夹层玻璃的钻孔可采用大、小孔相对的方式。

3. 玻璃钻孔的允许偏差为：直孔直径±1mm；锥孔直径±1mm；斜度45°。

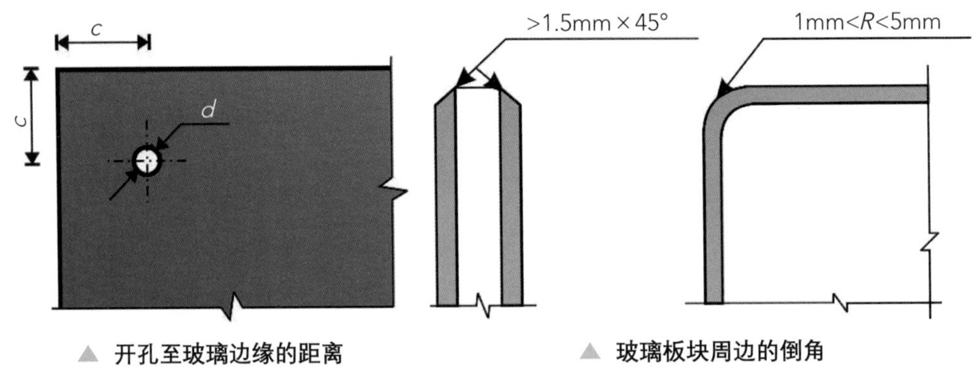

▲ 开孔至玻璃边缘的距离　　▲ 玻璃板块周边的倒角

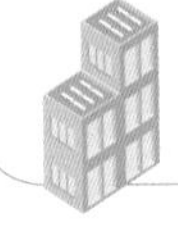

6.4 单元式玻璃幕墙

单元式玻璃幕墙是指在工厂将玻璃面板和纵横向金属框架组装成幕墙单元，以幕墙单元的形式在现场进行安装施工。由于其外形、尺寸都是在工厂完成的，幕墙的外表面平整度是依靠主体建筑结构上连接件的准确性来实现的，在安装过程中无法调整。因此，单元式玻璃幕墙对工厂加工的尺寸精准度要求很高。

6.4.1 安装施工准备

6.4.1.1 施工人员要求

组织设计人员对现场施工人员进行技术交底，详细研究施工方案，熟悉质量标准，精准掌握每个工序的技术要点。项目经理应组织施工员学习单元板块的吊装方案，着重了解吊具的额定荷载与各种单元板块重量等参数。

6.4.1.2 设备准备

（1）所有机具设备与重要部件都应当进行测试。

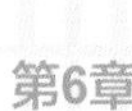

（2）根据工程单元板块的几何尺寸和重量，选用适合载重与测量的运输单元板块，并制作尺寸合适的单元板块专用周转架。

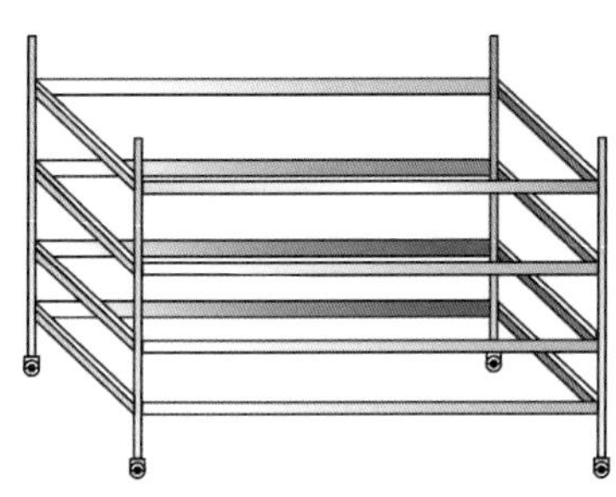

周转架由方钢焊接而成，设计有专用滑轮，运输时在铁架上搁置橡皮垫片，以保证单元板块在途中不受破坏。

▲ **单元板块专用周转架**

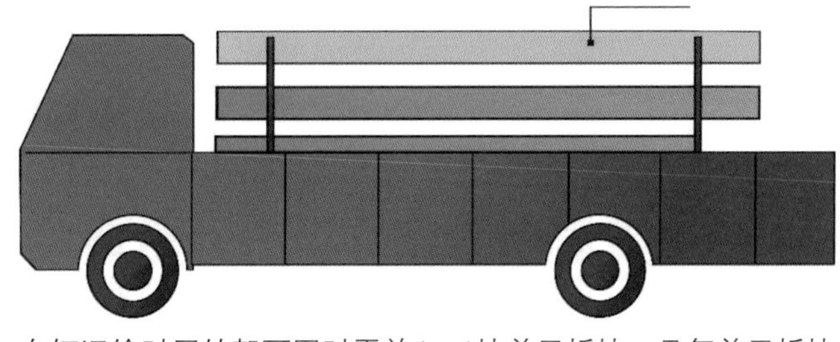

车辆运输时周转架可同时平放4～6块单元板块，且每单元板块独立放于一层，两单元板块互相不接触；单元板块与周转架之间的接触部位采用软质材料隔离，避免单元板块发生碰撞和变形。

▲ **单元板块专用车**

（3）根据单元板块的尺寸、重量以及吊装方法，选用合适的垂直运输设备，甚至使用塔吊以提高垂直运输效率。

6.4.1.3 半成品或成品单元幕墙的保护

（1）单元板块放置在专用场地，使用周转架存放、装卸、运输。存放时依照安装顺序排列放置，避免直接叠层堆放，防止重力作用或多次搬运造成损坏、变形，保证幕墙质量。

（2）用塑料薄膜对型材、玻璃的内表面进行覆盖保护。在幕墙室内表面贴上警告标识，如“贵重产品，请勿碰撞”等字样。

（3）在幕墙完工层反复进行巡视，阻止可能的破坏与污染等施工行为，及时修复破损的塑料保护膜。

6.4.1.4 现场施工条件

（1）在施工现场划分出专用区域，用来进行板块卸车与临时存放，此区域应在塔吊使用半径之内。如果塔吊被拆除，则此区域应采用汽车吊卸车。

（2）根据单块单元板块重量，制作专用吊架。

（3）在建筑楼层中架设钢平台，每隔3～5层架一处钢平台，用来吊装单元板块，单元板块由上往下吊。

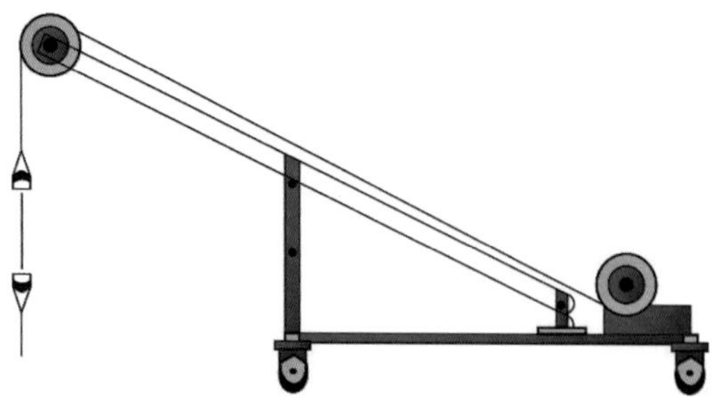

吊架均由18$^{\#}$双槽钢焊接而成，选用2吨卷扬机，提升速度为18m/s；小吊架臂杆可拆卸，通过货梯可转运到其他楼层，操作方便。

▲ 专用吊架

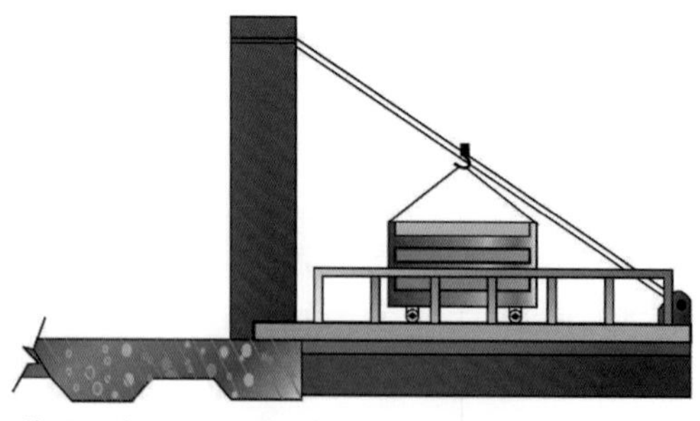

塔吊和钢平台相配合，能实现单元板块垂直运输。

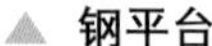

▲ 钢平台

★补充要点★

吊装安全措施

1. 单元板块吊装区域地面应设置醒目的安全警示范围，吊装区域下方地面在吊装过程中，必须指派专人负责安全监护。施工安全员应全程跟踪和监护其吊装作业工作。

2. 设备监护员如在吊装过程中发现设备工作不正常，必须及时通知吊装组，停机检查。

3. 不允许电焊时与吊机的钢丝绳相接触，不能破坏钢丝绳；如果发现钢丝绳受损，必须进行更换处理。

6.4.2 安装施工工艺

单元式玻璃幕墙是在工厂制作完成的，在施工现场主要进行埋件安装、焊接板块挂件、安装单元板块、注密封胶等工序。若采用上述单元板块安装，则安全便利、安装速度快，质量有保证。

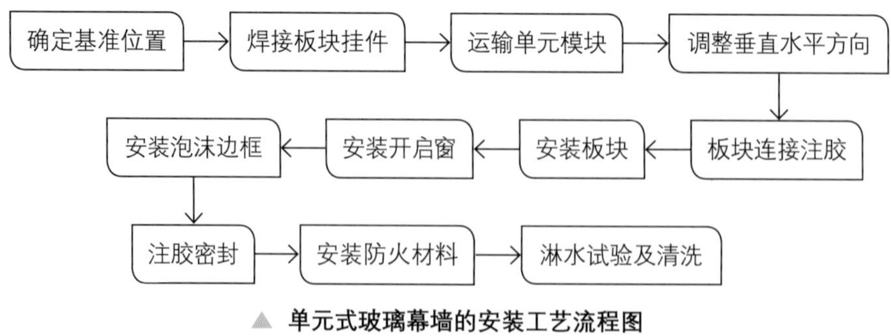

▲ 单元式玻璃幕墙的安装工艺流程图

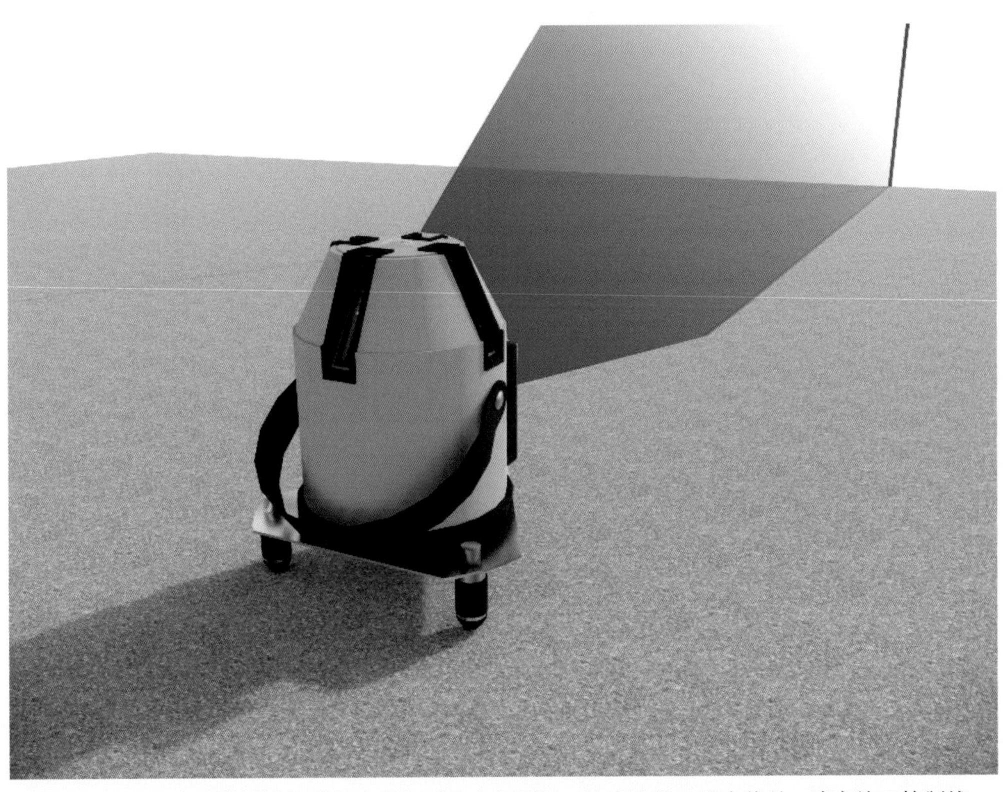

根据控制轴线对建筑楼板结构进行水平和垂直方向测量，检查水平、垂直偏差，确定施工控制线。

▲ 确定施工控制线

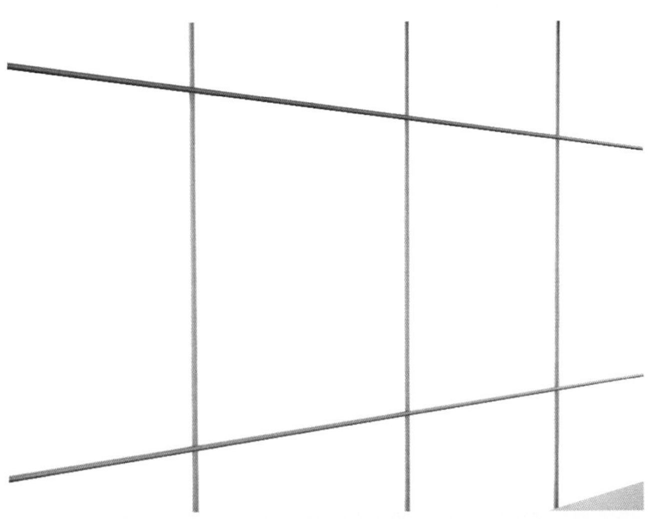

在建筑各层进行埋件清理，依据板块布置图在每层建筑沿垂直方向和水平方向拉控制线，确定板块分界线。

▲ 确定板块分界线

在预埋件上焊接单元板块挂件，焊缝高度和长度应当有保证，避免虚焊或漏焊。

▲ **焊接板块挂件**

使用专用周转架和专用运输车辆将单元板块运输至工地。检查单元板块在运输途中是否有损坏，数量、规格是否有错，是否有出厂合格证，标志是否清晰等；当检查合格后，再次进行复检。特别注意：单元板块对角线尺寸与误差，转接定位块的高度。

▲ **运输单元板块**

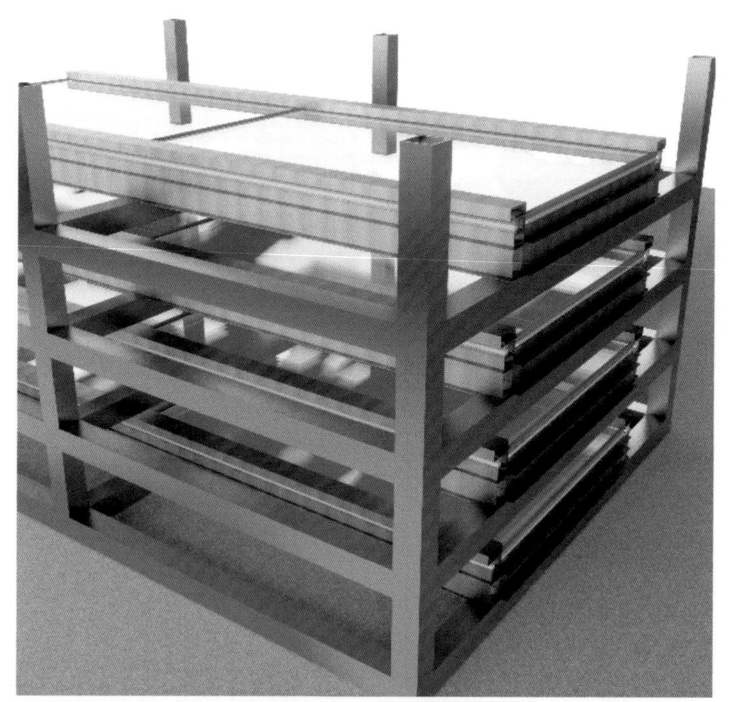

在楼层边缘将钢平台安装好，单元板块进场后，使用塔吊或其他垂直运输设备，将其吊运至钢平台上，再转运到各楼层内堆放，堆放时需按编号顺序堆放。特别注意：不能集中堆放，避免荷载集中，造成楼面受损。

▲ 吊入楼层内的钢平台

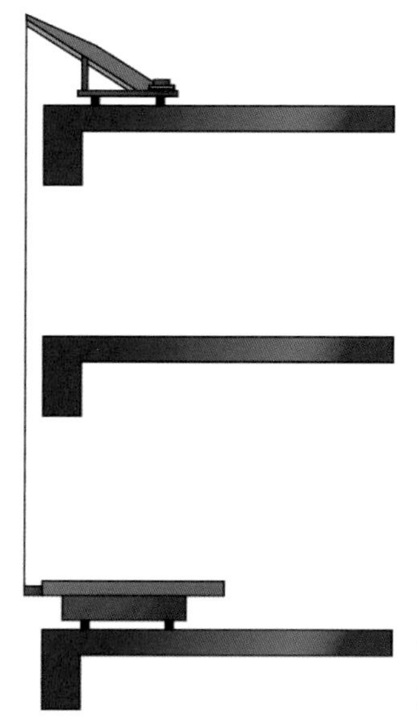

吊装时开吊机1人，配合1人，吊装就位4～5人，协调指挥1人。首先，在平板车上放置毛毯或橡胶垫；然后，将单元板块搬运至平板车上。最后，将其移至待装位置，钩好钢丝绳，启动小吊机，使板片缓缓提升。特别注意：应控制提升速度和重量，待要出楼层时避免玻璃面碰到楼板梁。

▲ 初步起吊单元板块

当板片吊装出楼层时，单元板块片尾部抽去平板车，底部垫上木板，防止边角损伤。

▲ 外移单元板块

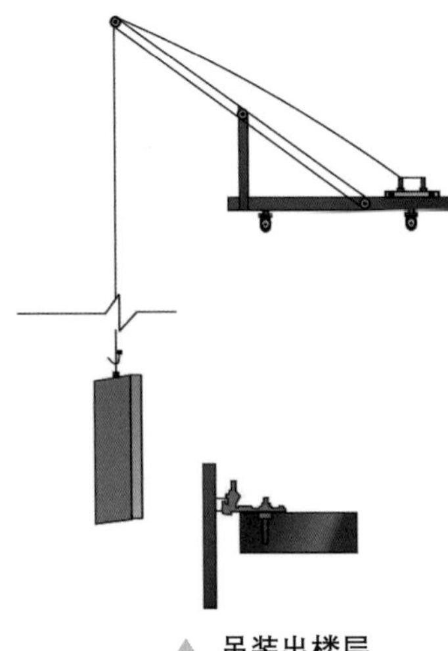

单元板块吊出楼层后进行旋转，让单元板块玻璃面向外，安装在挂件上；并与下层板块结合严密。

▲ 吊装出楼层

依次按编号安装，包括挂件上的螺栓，以调整板块的水平和垂直方向，采用水平尺检查平整度。当安装完一层后，立即进行接口处注胶密封，胶体均匀一致。

▲ 调整水平、垂直方向

待硅胶表干后，进行渗水试验。

▲ 板块接缝注胶与检验

经验收后再进行上一楼层的安装。当单元板块安装完毕后，再安装可开启的通风窗，并垫入泡沫边框，同时注密封胶。

▲ 安装开启窗和垫泡沫边框

在单元板块和楼板结构之间的缝隙处放置防火岩棉。该岩棉由折弯薄铁板顶起，薄铁板与楼板用膨胀螺栓固定。待所有工序安装完毕后，对玻璃幕墙进行清洗。

▲ 垫防火材料

单元式幕墙的连接件安装允许偏差见表6-3。

表6-3 单元式幕墙的连接件安装允许偏差 单位：mm

项目	允许偏差	检查工具
标高	±1.5（可上、下调节时±2.0）	水准仪
连接件两端点平行度	≤1.5	钢直尺
距安装轴线水平距离	≤1.5	
垂直偏差（上、下两端点与垂线偏差）	±1.5	
两连接件连接点中心水平距离	±1.5	
两连接件上、下端对线差	±1.0	
相邻三连接件（上下、左右）偏差	±1.0	

单元式幕墙的验收程序

1. 单元板块加工、组装应在组装厂进行验收，验收合格后发往现场。幕墙在安装前，要对单元板块进行抗压、防水、气密试验，合格后才能正式安装。

2. 每块单元板块安装调整后，施工员要进行自检。当每层单元板块安装结束后，质检员要进行复检。

3. 单元式幕墙的验收必须逐层进行，否则调整起来会十分困难。当一层单元式幕墙验收合格后，方可进行上一层单元板块的吊装。

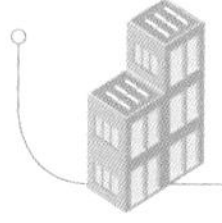

6.5 施工质量控制与验收

建筑施工都有相应的标准与规范，玻璃幕墙施工的要求会比一般的建筑施工更严格。

6.5.1 设计安装规范

（1）玻璃幕墙的构造设计应满足安全、实用、美观的原则，便于制作、安装、维修保养、局部更换。

（2）明框玻璃幕墙的接缝、单元式玻璃幕墙的开启部位，应严格控制其密封性，对可能渗入雨水或形成冷凝水的部位，应采取导排措施。

（3）玻璃幕墙的非承重胶缝应采用硅酮结构密封胶；开启扇的周边缝隙应采用三元乙

丙橡胶或硅橡胶密封条密封。尤其是单元式玻璃幕墙的纵横缝相交处，应采取防渗漏封口构造措施。

（4）有雨篷、压顶和其他突出玻璃幕墙墙面的建筑构造时，施工时应完善这些部位的防水、排水构造。

（a）雨篷

（b）外墙构造

（c）拓展室内空间

▲ 突出玻璃幕墙墙面的建筑构造设计

（5）玻璃幕墙应安装保温材料，采取措施防止结露现象产生和相应的防潮措施。

（6）幕墙的连接部位，应采取措施防止产生摩擦噪声。立柱与横梁连接处应避免刚性接触，可设置柔性垫片或预留1～2mm的间隙；在间隙内填胶、连接固定玻璃组件时，挂钩接触面宜设置柔性垫片。

（7）不同金属材料接触处应放置垫片，以防止金属腐蚀。幕墙玻璃之间的拼接胶缝宽度不小于10mm。幕墙玻璃表面周边与建筑内、外装饰物之间的缝隙不小于5mm。

（8）明框玻璃幕墙的玻璃下部槽底内，应采用橡胶垫块衬托。每块玻璃下部的垫块数量应不少于2个，厚度不小于10mm，每块长度不小于100mm。

▲ 不同金属材料的立柱与角码连接采用垫片分隔

▲ 幕墙玻璃之间的胶缝处理

▲ 填充幕墙玻璃与建筑墙体之间的留缝

6.5.2 项目工程验收

6.5.2.1 资料提交

玻璃幕墙工程验收时应提交下列资料。

（1）幕墙工程的竣工图、结构计算书、设计变更文件和其他设计文件。

（2）幕墙工程所用的各种材料、附件和紧固件、构件样品，产品合格证书、性能检测报告、进场验收记录、复验报告。

（3）权威检测机构出具的硅酮结构密封胶相容性和剥离黏合性试验报告。

（4）后置埋件的现场拉拔测试检测报告。

（5）幕墙抗风压变形和气密、水密检测报告。

（6）打胶、养护环境的温度、湿度记录，双组分硅酮结构密封胶拉断试验记录。

（7）防雷装置测试记录。

（8）隐蔽工程验收记录。

（9）幕墙构件和组件的加工、制作、安装施工记录。

（10）淋水试验记录。

6.5.2.2 现场验收隐蔽项目

玻璃幕墙工程验收前，应在安装施工中完成下列隐蔽项目的现场验收。

（1）预埋件或螺栓连接件。

（2）构件与主体结构的连接节点。

（3）幕墙四周、幕墙内表面与主体结构之间的封堵。

（4）幕墙伸缩缝、沉降缝、防震缝及墙面转角节点。

（5）隐框玻璃板块的固定节点。

（6）幕墙防雷连接节点。

（7）幕墙防火、隔烟节点。

（8）单元式幕墙封口节点。

6.5.2.3 检验

玻璃幕墙工程质量检验应进行分批抽样检验。

（1）相同设计、材料、工艺、施工条件的玻璃幕墙工程，每800～1000m^2面积为一个检验批次。当面积不足800m^2时，也应划分为一个检验批次。在每个检验批次中，每100m^2面积应抽查一处，每处不少于10m^2。

（2）对于不连续施工的幕墙工程，应单独划分检验批次。对于异形或有特殊要求的玻璃幕墙，检验批次由监理单位、建设单位、施工单位共同协商后确定。

6.5.3 维修保养

玻璃幕墙材料具有一定的有效期，因此幕墙工程验收后，在正常使用过程中，应当进行定期观察、维护。施工单位应当确定一套完善的玻璃幕墙维修保养计划，并与建设单位签订维修、保养合同。

（1）玻璃幕墙在正常使用情况下，每5年要进行一次全面检查。根据适用环境确定清洗次数和周期，每2年至少清洗1次。清洗幕墙外墙面的机械设备时，应有安全保护装置，不能擦伤幕墙墙面。

“蜘蛛人”高空清洗幕墙不能在4级以上风力和大雨天作业。

▲ **“蜘蛛人”高空清洗幕墙**

（2）如果幕墙玻璃发生松动、裂纹，应及时查找原因并进行修复或更换，以免发生重大安全事故。当遇到台风、地震、火灾等自然灾害时，灾后要对玻璃幕墙进行全面检查与维修。

擦窗机是高层建筑物外墙立面清洗、维护的专用设备，应根据建筑物的高度、立面结构、承载空间，选用不同的擦窗机。

▲ **电动擦窗机清洗外墙**

定期检查承重钢结构，如有锈蚀、密封胶脱落、破损，应及时修补或更换。

▲ 检修人员乘坐吊篮高空作业

参考文献

[1] [德]埃克哈德·盖博．建筑材料与细部结构．沈阳：辽宁科学技术出版社，2016.

[2] [美]帕特里克·洛克伦、周洵．坠落的玻璃：玻璃幕墙在当代建筑中的问题与解决方案．北京：中国建筑工业出版社，2008.

[3] 住房和城乡建设部标准定额研究所．建筑幕墙工程咨询导则．北京：中国建筑工业出版社，2018.

[4] 住房和城乡建设部标准定额研究院．建筑幕墙产品系列标准应用实施指南．北京：中国建筑工业出版社，2017.

[5] 中国建筑装饰协会．建筑幕墙工程BIM实施标准．北京：中国建筑工业出版社，2017.

[6] 贵州省建设工程质量检测协会．建筑幕墙工程检测．北京：中国建筑工业出版社，2018.

[7] 中铁建设集团有限公司．幕墙工程细部做法．北京：中国建筑工业出版社，2017.

[8] 李继业，田洪臣，张立山．幕墙施工与质量控制要点·实例．北京：化学工业出版社，2016.

[9] 穆伟．建筑幕墙结构节点图集．北京：中国建筑工业出版社，2013.

[10] 雍本．幕墙工程施工手册．3版．北京：中国计划出版社，2017.

[11] 包亦望，刘小根．玻璃幕墙安全评估与风险检测．北京：中国建筑工业出版社，2016.

[12] 张芹．点支式玻璃幕墙（采光顶）构造图集．上海：上海科学技术文献出版社，2003.

[13] 张芹．国家标准铝合金结构设计规范在幕墙工程中的应用．北京：中国建筑工业出版社，2009.

[14] 黄圻．建筑幕墙创新与发展．北京：中国建材工业出版社，2016.